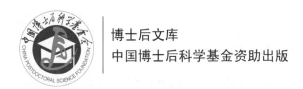

博士后文库
中国博士后科学基金资助出版

成像卫星任务规划与调度算法研究

王茂才　戴光明　宋志明　彭　雷　著

科学出版社

北　京

内 容 简 介

随着航天事业的高速发展，我国成像卫星的数量和种类日益丰富，对地观测任务需求日益增多，从而使得成像卫星任务规划与调度问题成为亟待解决的问题。本书面向光学、SAR、电子侦察等多种类型的中低轨对地观测卫星任务规划的应用需求，以作者近年来在成像卫星任务规划与调度问题上的研究成果为基础，主要内容包括载荷侧摆下卫星调度问题、区域目标调度问题、复杂约束多星任务规划问题、动态任务调度模型与算法，以及卫星星座调度性能评价体系构建及系统软件的研发等。

本书适合航天工程实践、航天工程管理、航天技术运用等相关领域的科研人员、工程技术人员阅读，也可作为高等院校有关专业高年级本科生、研究生及高校教师等参考。

图书在版编目(CIP)数据

成像卫星任务规划与调度算法研究/王茂才等著.—北京：科学出版社，2016.11
　(博士后文库)
　ISBN 978-7-03-050202-5

Ⅰ. ①成⋯　Ⅱ. ①王⋯　Ⅲ. ①卫星图象-研究　Ⅳ. ①TP75

中国版本图书馆 CIP 数据核字(2016)第 246364 号

责任编辑：苗李莉　李　静/责任校对：何艳萍
责任印制：张　伟/封面设计：陈　敬

科 学 出 版 社 出版
北京东黄城根北街 16 号
邮政编码：100717
http://www.sciencep.com
北京建宏印刷有限公司 印刷
科学出版社发行　各地新华书店经销
*
2016年11月第 一 版　开本：B5 (720 × 1000)
2019年 5 月第四次印刷　印张：12 1/2
字数：249 000
定价：99.00 元
(如有印装质量问题，我社负责调换)

《博士后文库》编委会名单

《博士后文库》序言

博士后制度已有一百多年的历史。世界上普遍认为，博士后研究经历不仅是博士们在取得博士学位后找到理想工作前的过渡阶段，而且也被看成是未来科学家职业生涯中必要的准备阶段。中国的博士后制度虽然起步晚，但已形成独具特色和相对独立、完善的人才培养和使用机制，成为造就高水平人才的重要途径，它已经并将继续为推进中国的科技教育事业和经济发展发挥越来越重要的作用。

中国博士后制度实施之初，国家就设立了博士后科学基金，专门资助博士后研究人员开展创新探索。与其他基金主要资助"项目"不同，博士后科学基金的资助目标是"人"，也就是通过评价博士后研究人员的创新能力给予基金资助。博士后科学基金针对博士后研究人员处于科研创新"黄金时期"的成长特点，通过竞争申请、独立使用基金，使博士后研究人员树立科研自信心，塑造独立科研人格。经过 30 年的发展，截至 2015 年年底，博士后科学基金资助总额约 26.5 亿元人民币，资助博士后研究人员 5 万 3 千余人，约占博士后招收人数的 1/3。截至 2014 年年底，在我国具有博士后经历的院士中，博士后科学基金资助获得者占 72.5%。博士后科学基金已成为激发博士后研究人员成才的一颗"金种子"。

在博士后科学基金的资助下，博士后研究人员取得了众多前沿的科研成果。将这些科研成果出版成书，既是对博士后研究人员创新能力的肯定，也可以激发在站博士后研究人员开展创新研究的热情，同时也可以使博士后科研成果在更广范围内传播，更好地为社会所利用，进一步提高博士后科学基金的资助效益。

中国博士后科学基金会从 2013 年起实施博士后优秀学术专著出版资助工作。经专家评审，评选出博士后优秀学术著作，中国博士后科学基金会资助出版费用。专著由科学出版社出版，统一命名为《博士后文库》。

资助出版工作是中国博士后科学基金会"十二五"期间进行基金资助改革的一项重要举措，虽然刚刚起步，但是我们对它寄予厚望。希望通过这项工作，使博士后研究人员的创新成果能够更好地服务于国家创新驱动发展战略，服务于创新型国家的建设，也希望更多的博士后研究人员借助这颗"金种子"迅速成长为国家需要的创新型、复合型、战略型人才。

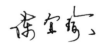

中国博士后科学基金会理事长

前　　言

随着航天事业的高速发展，我国目前已拥有包括光学卫星、SAR 成像卫星、电子侦察卫星等多种类型的对地观测卫星，卫星的数量和种类的增加也使得卫星任务规划问题成为亟待解决的问题。

从对地观测系统支持复杂应用特别是作战应用的角度来看，在现代局部战争中，战役战术级指挥员在进行决策时对于情报保障提出了更高的需求，通常会提出及时获取所需作战区域的战场态势，完成各类伪装目标的发现和识别，发现、识别和跟踪陆上/海上大型移动目标等复杂类型的观测任务请求，以确保指挥员能够快速准确有效地获取战场态势及敌方情报信息，辅助指挥员作出正确的作战决策；在突发事件处理上，如汶川地震、洪涝灾害的应对上，也需要多种类型的卫星对灾区进行配合观测，以获得准确受灾数据，为及时有效的救灾行动提供依据。这些观测任务请求通常具有更高的时效性、信息获取准确性和任务观测的协同性要求，往往需要多颗多类型卫星进行配合观测才能完成，这就对对地观测系统的快速反应能力、任务协同观测能力和准确获取信息的能力提出了更高的要求。研究多类型卫星联合下的任务规划技术，对于对地观测系统满足更多类型的观测任务请求具有重要意义。

从对地观测系统效能发挥的角度看，我国拥有的对地观测卫星无论在数量上还是种类上都得到快速增长，这使得卫星任务规划管理的复杂度大大增加，现有的各类型卫星独立管理的工作模式已经无法满足未来发展的需要。如何有效整合所有可用的观测资源，实现对这些观测资源的统一管理和任务规划，使这些观测资源能够协同工作，充分发挥对地观测系统的效能，是亟待解决的一个重要问题。因此，研究多类型卫星联合任务规划技术，对于对地观测系统充分发挥其系统效能，全面提高应用水平具有重要意义。

从对地观测系统服务国民经济建设和社会发展的角度看，我国《航天发展"十一五"规划》要达到的主要目标之一就是"加强对地观测卫星领域的顶层统筹规划和综合利用，初步形成全球、全天候、全天时、多谱段、不同分辨率、稳定运行的卫星对地观测体系。提高卫星业务测控能力；实现遥感卫星对全球数据的准实时获取"。我国已经计划在"十一五"期间建立由 60~70 颗卫星组成的空间信息系统以服务国民经济建设和社会发展。未来一段时间内，我国遥感对地观测的发展趋势是从中分辨率延伸到高分辨率，从单角度跨越到多角度和立体测绘，从空间维拓宽到光谱维，向综合、一体化体系方向发展，大、小卫星结合，光谱分辨率、空间分辨率和时间分辨率重复交叉，光学与微波并举，窄、宽视场兼有，建立一个高、中、低轨道结合，大、中、小卫星协同，粗、中、细、精分辨率互补的全球综合对地观测信息网络系统，对地观测卫星将具有更强更完善的能力，从而能够更好地服务于国民经济建设中的更多领域。研究多类型卫星联合下的任务规划技术，通过多类型卫星的配合，提高对地观测卫星系统的对地观测能力，对于将对地观测系统应用于更多领域具有重要意义。

目前关于卫星任务规划的研究大多针对单类型卫星，面向简单观测任务请求展开，考虑卫星观测过程和载荷约束相对简化，通常未能充分利用载荷的侧摆性能，缺乏面向多类型卫星、多类型观测任务请求尤其是动态复杂任务请求的卫星任务规划方法和技术。

本书面向光学、SAR、电子侦察等多种类型的中低轨对地观测卫星联合任务规划的应用需求，以多类型对地观测卫星为手段，以满足多种类型的观测任务请求为出发点，在总结分析国内外相关研究工作的基础上，对成像卫星任务规划与调度问题进行了深入的分析和研究。书中针对点目标调度问题进行分析，提出了载荷侧摆情况下多星点目标调度模型，并基于单目标优化思想和多目标优化的思想设计了相应的求解算法；书中针对区域调度问题进行了分析，提出了考虑载荷侧摆情况下的区域调度问题优化模型，并基于遗传算法，设计了参数优化求解算法；书中针对复杂约束下多星多任务调度与规划系统的特殊性，构建了一种复杂约束优化模型，设计了一种多种群进化求解算法；针对对地观测卫星在执行初始侦查计划的过程中经常遇到的各种突发事件的情况，以最大化任务综合收益、最小化原调度计划的干扰为目标，建立了合理的二级动态调度模型，设计了高效的动态调度算法；采用层次分析法构建了星座性能评估体系层次结构模型，设计了一个目标明确、较为全面、合理可行、扩展性强的星座性能评估体系，对所设计的各项性能评估指标进行了定性与定量的分析描述，设计开发了一个集卫星星座构建、场景管理、调度规划、星座性能评估和分析、调度方案和性能评估结果的可视化展现和星座仿真于一体的决策支持系统。

本书共7章，主要内容包括：第1章对卫星任务规划问题及基本概念进行了介绍；第2章对卫星任务规划问题的国内外研究现状及其常见模型进行了分析；第3章对载荷侧摆下卫星调度问题进行了研究；第4章对区域目标调度问题进行了研究；第5章对复杂约束多星任务规划问题进行了研究；第6章对动态任务调度模型与算法进行了研究；第7章对卫星星座调度性能评价体系进行了研究。

本书的出版工作得到中国博士后科学基金会博士后优秀学术专著出版基金的资助，本书的研究工作得到"十一五"民用航天预先研究项目、"十二五"民用航天预先研究项目、国家自然科学基金面上项目（No.41571403、No. 61472375）、中国博士后科学基金特别资助（No. 2012T50681）、中国博士后科学基金面上资助（No. 2011M501260），以及湖北省博士后科学基金等项目的资助，在此表示深深的谢意！

中国国际战略学会安全战略研究中心陶家渠研究员为本书的研究工作提供了很多帮助。中国地质大学（武汉）空间信息工程实验室的李晖、王力哲、陈晓宇、武云、胡霍真、程格、朱怀军、王雷雷、肖宝秋等做了大量细致的研究工作。总之，本书是实验室集体智慧的结晶。

由于作者水平有限，书中不妥之处在所难免，恳请专家、读者批评指正。

作 者

2016 年 7 月

目　　录

第1章 概　　述

1.1　卫星规划概念

对地观测卫星是一类利用卫星遥感器对地球表面、地形地貌、能源矿藏，以及低层大气进行探测从而获取有用信息的一类卫星(戴光明和王茂才，2009)。由于对地观测卫星具有全天候、全天时广域覆盖范围、不受空域国界限制等特点，已经成为勘探和研究地球资源的重要手段，被广泛应用于农业监测、大地测绘、植被分类与农作物生长态势评估、自然灾害监测、大型基础设施建设项目管理、战场态势与情报侦察，以及地面军事目标识别等领域(童敬华，2013)。

依据携带传感器类型的不同，对地观测卫星通常分为可见光、红外、多光谱、高光谱、超广谱、SAR、电子侦察等多种类型；依据卫星担负的任务不同，对地观测卫星可以分为成像卫星、电子侦察卫星、测绘卫星、气象卫星、预警卫星和海洋监视卫星等若干种类；依据轨道高度不同，可以分为低轨、中轨、高轨卫星(王永刚和刘玉文，2003)。不同类型的卫星各自具有相应的优缺点，在这些卫星中，应用最为广泛的主要是中低轨卫星(一般认为低轨卫星的轨道高度低于1000km)，包括成像卫星(光学成像、SAR成像)、电子侦察卫星等(苑立伟等，2004)。

卫星任务规划在整个对地观测过程中起着关键作用，其结果直接影响到对地观测卫星系统的任务执行。而且卫星规划过程中需要牵涉多种规划要素，包括参与规划卫星资源、数传资源、观测任务请求，以及其他影响规划的因素。面向参与规划的多类型卫星资源和多类型数传资源，如何进行规划以满足多种类型的观测任务请求，对卫星任务规划提出了新的挑战(贺仁杰等，2011)。

面向单颗卫星的任务规划主要需要确定卫星在什么时刻，以什么模式，对什么任务进行多长时间的观测，并在什么时刻，进行什么任务的数据传输等，使卫星的观测效益最大。在早期，各国的卫星属于不同的部门、公司所有，主要采用单星管理模式，由各自的机构负责管理；每颗卫星及其应用系统自成体系，如法国SPOT-5卫星系统、美国Landsat 7卫星系统、美国EO-1卫星系统等，这些系统每次只针对单颗卫星进行卫星观测计划的制订。

多类型卫星联合任务规划主要面向多类型卫星资源、多类型数传资源和多种类型的用户观测任务请求，力求在观测资源、数传资源和用户观测请求之间建立一种优化无冲突的关联关系,确定参与规划卫星的观测动作和数据传输动作,使总的收益最大(郭玉华,2009)。具体来说,多类型卫星联合任务规划即是确定使用哪些类型的哪几颗卫星,在哪些时刻,以哪些模式,对哪些观测任务,进行多长时间的观测,并在哪个时刻向哪个地面接收站传输哪些数据的问题。

随着航天事业的高速发展,我国目前已拥有包括光学卫星、SAR 成像卫星、电子侦察卫星等多种类型的对地观测卫星,卫星的数量和种类的增加也使得卫星任务规划问题成为亟待解决的问题。《国家民用空间基础设施中长期发展规划(2015~2025 年)》明确提出:按照一星多用、多星组网、多网协同的发展思路,根据观测任务的技术特征和用户需求特征,重点发展陆地观测、海洋观测、大气观测三个系列,构建由七个星座及三类专题卫星组成的遥感卫星系统,逐步形成高、中、低空间分辨率合理配置、多种观测技术优化组合的综合高效全球观测和数据获取能力(国防科工局,2016)。统筹建设遥感卫星接收站网、数据中心、共享网络平台和共性应用支撑平台,形成卫星遥感数据全球接收与全球服务能力。我国已经计划在"十一五"期间建立由 60~70 颗卫星组成的空间信息系统以服务国民经济建设和社会发展。未来我国将建立一个高、中、低轨道结合,大、中、小卫星协同,粗、中、细、精分辨率互补的全球综合对地观测信息网络系统(岳涛等,2008),对地观测卫星将具有更强更完善的能力,从而能够更好地服务于国民经济建设中的更多领域。研究多类型卫星联合下的任务规划技术,通过多类型卫星的配合,提高对地观测卫星系统的对地观测能力,对于将对地观测系统应用于更多领域具有重要意义。

1.2 卫星规划调度问题类型

对地观测卫星规划调度问题,有很多种不同的分类标准与方法。按照不同的分类标准与方法,可以分为四种不同的调度类型(李玉庆,2008)。

1.2.1 根据航天器数量分类

根据参与规划调度的航天器数量,分为单星调度问题和多星调度问题。对于单星调度问题,研究对象通常为一个航天器。通常在确定航天器轨道信息以及其他相关信息的情况下,对航天器的观测活动进行规划与调度;对于多星调度问题,研究对象为多个相互协同的航天器,通常以卫星组网的形式提供对地观测服务,各个航天器的轨道和观测能力各不相同,通过多星协同的方式对其观测活动进行规划与调度。

1.2.2 根据有效载荷数量分类

根据航天器所携带的有效载荷的数量，卫星规划调度可以分为单载荷调度问题和多载荷调度问题。对于单载荷调度问题，各航天器只携带一个载荷，调度的目的就是在满足航天器、有效载荷的各种约束条件的前提下，确定有效载荷的观测活动序列，并使获得的观测效益最大；多载荷调度问题除了要考虑单载荷调度中所涉及的各种约束条件外，还需要考虑各个有效载荷之间的相互协同问题，以及各载荷协同工作所产生的新约束条件。

1.2.3 按照观测目标的类型分类

根据观测目标的类型，卫星规划调度可以分为点目标调度问题和区域目标调度问题。需要说明的是，此处的点目标并非严格数学意义上的抽象点，而是指卫星可以在一次单一的观测活动中完成对任务目标的观测，也即任务目标的范围在卫星的一次观测能力范围之内。区域目标是一个广义的概念，通常指任意形状的区域，一般可用一个多边形来描述，区域目标的范围超出了卫星的一次观测能力，需要卫星进行多次观测活动才可完成，通常将区域目标分解为多个矩形条带，每个矩形条带在卫星的一次观测能力范围之内。

1.2.4 按照所处的工作环境分类

根据卫星所处的工作环境，卫星规划调度分为静态调度和动态调度。在静态调度中，卫星执行任务的环境是确定已知的，并且在任务执行过程中不再改变，调度方案一旦确定就不再改动。而在动态调度中，卫星执行任务的环境受各种不确定因素的影响，随着调度方案的执行，卫星所处的工作环境也会发生改变，因此在规划调度方案生成的过程中，必须随环境的变化而随时更新调度方案。

1.3 卫星任务规划问题的特点分析

1.3.1 载荷特点分析

1. 光学传感器观测过程及载荷特点

通过安装照相机或摄像机从卫星上对地进行摄影观测的卫星称为光学成像卫星；光学卫星主要利用目标和背景反射或辐射的电磁波差异来发现和识别目标（王永刚和刘玉文，2003）。光学成像卫星具有多种类别，按卫星星载有效载荷种类，主要分为可见光、红外、多光谱等。光学遥感器成像方式有画幅式、推扫式和全景式等，国内外采用最多的成像方式是 CCD 阵列推扫式成像。

虽然某些现代光学卫星同时具有多种形式的侧视能力，本书只针对具有垂直于卫星飞行方向侧视能力的光学卫星展开研究。当卫星侧视观测时，把卫星相机中心角与卫星与地球中心连线的夹角称作卫星侧视角。卫星能在一定的侧视角度范围内以任何侧视角度进行观测动作，把这个侧视角度范围称为最大观测角度，把最大能够覆盖观测的区域称作最大覆盖范围；每一个侧视角度下可以对一定角度范围内的区域进行观测，把这个可视角度范围称作视场角，把相应的观测区域称为观测条带，不同的侧视角度对应了不同的卫星观测条带，它们之间的关系如图 1-1 所示(王钧，2007；祝周鹏，2013)。

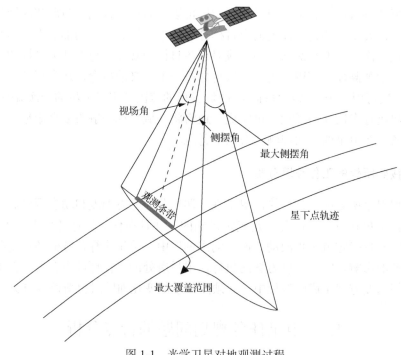

图 1-1　光学卫星对地观测过程

光学成像卫星成像特点有以下三种。

(1)可见光成像卫星的地面分辨率最高，而且其拍摄的图像与人眼看到的景物是相配的，辨认和识别非常方便，因此是应用最为广泛的卫星类型之一；但缺点是受天气和光线条件影响较大，夜间和云层较厚时无法有效对目标成像，而且只能获得目标的表层信息。

(2)红外成像卫星可获得目标的热图像，并且不论昼夜都能有效地进行工作，可使卫星具有夜间侦察和一定的识别伪装的能力，但和其他光学成像手段一样，对云层覆盖的区域无能为力，而且不如可见光成像分辨率高。

(3) 多光谱扫描仪可使卫星具有夜间侦察和目标伪装识别能力，可以获得更多的目标属性信息，但分辨率较可见光成像分辨率要低。

2. SAR 观测过程及载荷特点

合成孔径雷达(SAR)是一种全天候、全天时的现代高分辨率微波侧视成像雷达(袁孝康，2003)，它是一种主动微波遥感仪器，通过卫星上的雷达天线不断发射脉冲信号，并接收地物反射信号来获取地物信息。SAR 卫星能克服云雾雨雪和夜暗条件的限制对地面目标成像，可全天时、全天候、高分辨率、大幅面对地观测。

不同于光学成像卫星，SAR 成像卫星一般通过选择不同波位来改变微波入射角度，从而确定距离和成像范围。SAR 卫星的具体成像方式由星载 SAR 的工作模式来确定(孙佳，2007)。比较成熟的星载 SAR 工作模式有扫描式(ScanSAR)、聚束式(SpotLight)等几种(魏钟铨，2001)，具体采用何种模式由观测任务请求决定。

与光学卫星相比，SAR 卫星具有如下四个特点(袁孝康，2003)。

(1) 不易受大气影响，具有全天候特性；不依靠太阳辐射，具有全天时特性。

(2) SAR 可以获得地下信息，而可见光和红外只能获得目标的表层信息。

(3) SAR 侧重于获取地物的几何特性，最适合进行目标结构特性的探测。

(4) SAR 是完整的地物信息探测不可缺少的组成部分，它所表征的目标特性是可见光和红外波段的电磁波不能取代的。

SAR 具有微波遥感测量的所有优点，但也具有自身缺陷。由于星载 SAR 是采用相干原理获得方位高分辨率的，因此其单视 SAR 图像必然呈现严重的相干斑点噪声，给雷达图像的解译和判读带来困难。另外，由于微波波长远大于可见光和红外波长，所以其分辨率一般达不到光学和红外的分辨率。

3. 电子侦察卫星观测过程及载荷特点

电子侦察卫星，又称电磁探测卫星，一般装有侦察接收机和磁带记录仪，主要用来截获雷达、通信等系统的传输信号，分析这些无线电信号，可以知道目标雷达所用的脉冲频率、脉冲宽度等重要参数和电台的通信情报，进而可以确定雷达和电台的位置，探明系统的性质、位置和活动情况及实验部署情况(梅国宝和吴世龙，2005)。通过对电子侦察卫星载荷特点的分析，对电子侦察卫星载荷特点总结如下(阙渭焰和林世山，2004)：

(1) 每次过境能够对广大范围内的地面目标进行覆盖侦察，覆盖范围宽；

(2) 一般能够截获从几十兆赫兹(MHz)到几十吉赫兹(GHz)范围内的所有电磁信号，数据获取能力强，覆盖频率宽；

(3) 只能获得目标位置信息，无法得到目标大小形状等具体信息；

(4) 只能被动侦听，无法侦听地下有线通信网，容易受电子对抗措施影响。

通过对卫星星上有效载荷进行分析不难发现，不同载荷类型的对地观测卫星具有不同的特点，每种载荷都有一定的使用条件和载荷使用约束，只能适用于一定的应用条件。将不同类型的星上载荷结合起来，协同工作，进行联合规划，完成单颗单类卫星无法完成的复杂对地观测任务，对于扩展卫星系统的观测能力，提高卫星系统的整体效益，具有重要的意义。

1.3.2　任务特点分析

随着对地观测卫星应用水平的深入，人们对卫星观测的要求也越来越高，对卫星的观测不仅仅局限于对某一个定点的观测，出现了很多新的观测类型。面向初步形成全球、全天候、全天时、多谱段、不同分辨率、稳定运行的卫星对地观测体系的要求，给出常见的观测任务请求类型包括(郭玉华，2009)：

(1) 对某一个点或较小区域的观测任务，如对某一个工厂的观测等；

(2) 对大范围连续区域的覆盖观测，如区域覆盖观测任务等；

(3) 对多个点目标的协同观测任务，如对城市群的观测等；

(4) 对某一目标进行多次不同时段观测的观测任务，如进行打击效果评估等；

(5) 对同一个目标的多视角、多模式、多分辨率观测，如进行立体成像等；

(6) 对同一个目标的多传感器观测任务，如揭露伪装任务等；

(7) 对出现或通过某一个区域内的移动目标进行跟踪监视等。

当然，随着人类对对地观测数据应用深入与依赖增加，对地观测卫星观测任务的类型也日趋多样，这里仅给出一些有代表性的观测任务请求。分析上述观测任务请求，可以发现以下九个特点。

1. 任务的位置要求

观测任务请求通常要求对观测地域的某一个或一组目标进行观测，这些目标通常与一定的地理坐标关联，如一个目标点，一个区域或者在一个区域内运动的移动目标等。

2. 任务的时效性要求

用户在请求观测时，通常指定一定的时限性要求，如对森林大火、地震、移动目标跟踪等突发紧急事件的观测，通常指定在较短的时间内(如两个小时)进行观测和数据传输；对常规普查任务，时效性要求不是特别高，其时限性要求可以为较长的时间(如一个月)。任务的时效性要求通常表现为一个请求观测时段。对一些特殊的观测任务请求，如打击效果评估、多时相观测任务等任务，其时效性要求通常指定为多个时段，需要在指定的多个时段内进行观测才能完成。

3. 任务的谱段要求

不同类型观测任务请求的传感器要求可能不同，如有些任务要求可见光传感器进行观测，另一些任务则需要 SAR 传感器进行观测，其他任务则需要对观测区域的电子信号进行侦收。为描述及扩展方便，采用谱段范围描述。一般来说，可见光的谱段为 0.4~0.7μm，红外线的谱段范围为 0.76~1000μm，微波的谱段范围为 0.1~100cm(王永刚和刘玉文，2003)。对某些观测任务请求，如多传感器覆盖观测任务、伪装识别任务，通常要求采用多种类型的传感器进行配合观测，描述为多个谱段范围的组合。

4. 任务的覆盖要求

对某些观测任务请求，如区域覆盖观测任务、战场监视任务，以及点目标群覆盖观测任务，需要对感兴趣的区域进行覆盖以获取有益信息。这些任务指定的目标范围一般较大，采用单颗卫星进行单次观测一般无法满足任务的观测需求，需要进行多星多次配合观测才能满足其覆盖要求。

5. 任务的观测时序要求

对一些观测任务请求，如对一个点的多分辨率观测任务等，往往会指定进行观测的传感器观测顺序，如采用分辨率从低到高的观测顺序等，称为任务观测的观测时序，在规划时需要予以充分考虑。

6. 任务的协同观测要求

对需要多颗卫星配合完成观测的观测任务请求，在规划时需要指定一组同类型同星座的卫星进行观测，如一个多时相观测任务尽量要求采用同一星座的卫星进行观测等，这样当存在多个星座满足任务的观测要求时，只能选择其中一组卫星进行观测。

7. 任务的模式组合要求

对同一个目标的多视角、多模式观测的观测任务，如进行立体成像等任务，需要一颗或多颗卫星用不同角度或使用模式进行协同观测，这些角度或使用模式之间需要满足一定的配对关系；当选择一个角度或使用模式进行观测后，则其他观测的角度和使用模式也相应地确定，称为模式组合。

8. 任务观测之间的关联要求

一些观测任务请求会带有一定的条件要求，如两种传感器类型必须同时观测、两种传感器类型只要一个进行观测即可或者两种传感器不能同时观测等，记为关联要求，表现为不同观测之间的共存、互斥与任选关系。

9. 任务的连续观测要求

对移动跟踪监视任务来说，目标位置的不确定性、环境复杂性，以及卫星访问区域的不连续性，使得对移动目标的跟踪监视较其他任务更为复杂，为保持对目标的跟踪监视，需要进行尽可能多的观测以高效跟踪目标位置，因此要求卫星每次过境都要对区域进行观测以提高跟踪效率(陈英武等，2006)。

1.3.3 规划的特点分析

卫星任务规划受卫星载荷约束及地面应用系统的管理组织方式影响，是一类牵涉面广、领域跨度大、考虑因素多样、求解复杂的问题，同时具有规划和调度的问题特点。具体来说，该问题具有以下九个特点(Verfaillie and Lemaitre, 2006)。

1. 卫星载荷类型多样，特性各异

随着卫星应用的深入，卫星星上载荷类型不断丰富，从传感器角度看，包括可见光、SAR、红外、电子、多光谱、高光谱等多种传感器类型；从卫星能力看，除传统卫星外，还包括自主规划卫星和灵巧卫星等。不同类型的载荷具有不同的应用条件与处理特点，从而对多类型卫星联合任务规划提出了较高的挑战(王永刚和刘玉文，2003)。

2. 卫星使用约束复杂，工作模式各异

随着计算机技术的发展和小卫星技术的广泛应用，卫星进行对地观测，除受卫星飞经观测目标上空的时间窗口限制外，还要受卫星动作切换时间、星上存储

器容量、星上能量、卫星与地面站数据传输等多种使用约束的影响，约束种类众多，类型复杂多样；另外，光学卫星需要考虑卫星侧摆对规划的影响，SAR 卫星需要考虑工作模式和入射角对规划的影响，电子卫星则需要考虑不同工作模式之间的切换等，使得卫星工作模式各异。

3. 规划处理要素关联关系复杂

卫星任务规划需要规划每颗卫星的观测动作，确定相应的数据传输动作；这不但牵涉观测任务被哪颗卫星观测的观测选择问题，还需要确定观测任务在哪些地面站进行数据传输的传输选择问题，是一个双重选择问题；当多颗卫星对多个数传资源(包括地面站资源和中继星资源)的访问时间窗有交义时，还需要进行数传资源规划，分配数传资源的无冲突跟踪接收时间窗口给参与规划的卫星。这些因素使得规划处理要素之间关联关系复杂，相互耦合，也是影响规划的一个重要因素。

4. 观测时间窗与侧视观测

卫星在在轨运行和对地观测时仍然处于高速运动状态，同时星载传感器都有一定的视场范围，所以卫星每次观测动作在地面上形成的都是一个具有一定幅宽的观测条带。如果观测条带覆盖了地面的某个目标，就表示对该目标进行了观测。由于卫星轨道固定，卫星经过某一个区域上方的时间相应也确定，称卫星访问区域内目标的可观测时间段为卫星对目标的观测时间窗口。中低轨卫星对某一目标的观测时间窗口是一个很短的值，通常只有几秒钟到几十秒钟，使得卫星对目标的访问时间有限，当区域内有多个时间交义的待观测目标时，只能选择部分目标进行观测。

另外，卫星所能够观测的区域是一个以星下点轨迹为中线的带状区域，具有普查性质的宽幅卫星和电子卫星只要飞临相应区域上空即可对覆盖范围内的带状区域实施观测；详查型成像卫星由于幅宽限制每次只能对覆盖区域的一部分进行成像，为扩大观测范围，通常需要摆动一定的角度进行观测，称之为侧视观测。卫星侧视观测对卫星能量和动作切换等载荷约束提出了新的挑战，从而也增加了任务规划的复杂度。

5. 多星目标访问冲突

在一次规划时间范围内，不同对地观测卫星的可观测区域可能存在重叠，从而存在对观测区域内的同一目标进行超过其规划要求次数的重复观测现象，称为多星目标访问冲突，重叠观测区域称为冲突观测区域，冲突观测区域内的重访目标称为冲突观测目标（刘晓娣，2007），当参与规划卫星较多时，上述冲突现象将大幅增大。由于卫星资源是紧缺资源，当对一个目标进行超过其要求的观测次数时，可能由于资源限制造成其他观测任务无法完成观测，从而降低了卫星观测系统的观测效益。因此需要消除多星目标访问冲突，提高卫星对地观测的综合效益。

6. 多星数传访问冲突

卫星与数传天线之间可传输数据的时段称为数传时间窗口。由于不同轨道卫星具有不同的绕行规律，可能存在多颗卫星对同一数传天线的数传时间窗口交叉的情况。由于一个数传天线同一时刻只能接收一颗卫星的数据，把一套数传设备对两个或多个卫星的数据接收时间窗口的时间间隔小于指定长度看作一种冲突现象。同时由于数传资源的紧缺性，为提高资源利用率，除特别指定(如同时考虑调用多个站的资源时，将多个站连起来看成是一个逻辑地面站)外，将多套数传设备对一颗卫星进行重叠服务也看成是一种冲突现象(郭玉华，2009)。

随着在轨卫星数目的增加，数传资源紧缺已成为制约对地观测卫星系统综合效益发挥的瓶颈之一。为了最大化利用数传资源，需要对数传资源的数传时间窗口进行优化规划，消除访问冲突，使服务对地观测卫星的能力最大化。

7. 实传与回放数据传输方式

卫星与地面站的数据传输存在两种方式：实传与回放(李云峰，2007)。实传方式是一种即时数据传输方式，卫星通过观测设备对地面目标进行观测，获得观测数据后直接通过数据传输天线传输到地面数据接收站；实传方式下，卫星需要与地面站和观测目标同时可见，该过程不使用星载存储器。回放方式是指卫星首先对观测目标进行观测，获得数据后存储在星载存储器上，当卫星经过指定地面站上空并与地面站可见时，再从星载存储器将对应数据传输给地面站的方式。回放是一种延时传输方式，但需要占用星载存储器。

实传任务由于具有较高的时效性，一般具有更高的重要性评价值；但实传和回放是一对矛盾体，由于卫星进行实传动作导致该时段无法进行数据回放，从而减少总的可回放数据长度。当实传段内任务较少时，可能导致其他更多重要任务的观测数据无法回放。因此，实传和回放动作的安排需要根据观测任务请求的分布情况动态决定。

8. 存储器占用和释放

卫星对地观测过程中，观测数据可以首先记录在星载存储器上，在与地面站存在可视时间窗时再将数据传输到地面接收站，通过数据传输释放到存储器空间。

卫星存储器占用和释放过程与卫星动作间的关系如图 1-2 所示。

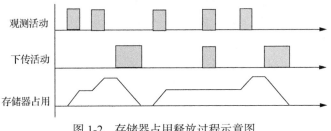

图 1-2 存储器占用释放过程示意图

问题的难点在于，用于释放存储资源的数传活动，其传输数据量取决于观测活动安排和卫星存储器的占用，而卫星观测过程中观测哪些任务在进行规划前是不确定的，使得卫星存储器占用和传输过程无法准确预测，从而为问题求解增加了复杂度(郭玉华，2009)。

9. 观测任务请求类型多样

随着卫星载荷类型的多样化，人类对卫星数据应用的深入，用户对卫星观测数据的需求类型也日趋复杂多样，如对区域的覆盖观测，对移动目标的跟踪监视，对静止目标的多时相、多传感器、多空间分辨率观测等，需要针对这些新的应用需求研究相应的问题解决机制及求解方法。

以观测目标在进行观测时的位置是否会发生变化为分类依据，将参与规划的观测任务请求划分为静止观测任务和移动跟踪监视任务，静止观测任务又根据处理的复杂度分为点观测任务和组合观测任务。

1.4 卫星规划问题的复杂性

从成像卫星规划与调度问题的研究来看，许多研究都还集中于单星调度，直至最近一些年才出现一些有关多星调度问题的研究，而且这些研究均还处于实验室理论研究阶段，还远没有达到实用程度，并且这些研究通常都采用简化问题模型的方式以降低求解的难度。由于成像卫星规划调度问题的复杂性，从求解调度问题所采用的算法来看，智能搜索算法等一批近似算法已经成为成像卫星规划调度问题的主要求解算法(陈英武等，2006)。

与普通的规划调度问题不同的是，成像卫星规划调度的一个主要特点是观测目标的时间窗口特性，而且该时间窗口与卫星相关，随着执行观测任务的卫星的不同而不同。卫星与目标之间并非时时可见，而是存在可见时间窗口约束。只有在可见时间窗口内，卫星侦察任务才可能执行并完成。

从调度理论研究来看，目前几乎所有的理论研究都没有考虑工件的加工时间窗口与机器相关这一约束条件，且只考虑了单时间窗口的情况，而没有考虑加工过程存在多个时间窗口的一般情况。从调度优化条件来看，大多数理论研究考虑的是最小化加工时间或加工费用，所有工件都必须安排加工，这与成像侦察卫星的调度目标有所不同。从所检索的文献来看，目前还没有研究与本书研究的理论问题完全一致。

卫星任务规划的各种约束和需求特点，导致这类问题具有很高的复杂性，体现在以下两个方面(郭玉华，2009)。

(1)问题建模复杂度高。对卫星任务规划问题建模需要考虑具体的卫星载荷使用约束和观测任务请求特点。卫星载荷特点不同，问题约束条件相应不同，适宜的问题求解模型一般也不同，如只考虑动作切换时间约束条件，可以把问题抽象为带时间窗口的最长路径问题，但当引入存储容量约束时，该问题模型就不再适宜；另外，观测任务请求的需求特点不同，相应的问题目标函数和规划准则一般也不同，从而使得对问题的建模十分困难。

(2)问题求解复杂度高。对于组合优化问题，问题模型的任何一个微小改变都可能显著改变标准问题求解方法的性能，甚至导致已有算法无法应用(Christopher et al.，2003)。对多类型卫星联合任务规划来说，仅考虑动作切换时间约束条件下，问题可以抽象成一个带时间窗口的最长路径问题进行分析，认为该问题与带时间窗的最长路径问题类似，问题具有组合爆炸特性。当把更多的复杂载荷约束引入到问题领域时，问题的模型更复杂，进行问题求解的复杂度也相应更高。

高度复杂性是成像卫星调度问题的典型特性，尤其是在动态环境下，复杂性表现得更为突出，具体来说，主要表现在以下几个方面(李玉庆，2008)：①计算复杂性，成像卫星调度问题已经被证明是 NPC 问题(Barbulescu et al.，2004)，其求解代价随着输入的规模呈指数增长，目前尚无多项式算法的解决途径，而成像卫星调度问题，仅仅是一天内的输入规模也高达几百个(Potter and Gasch，1998)；②建模复杂性，随着航天器及载荷数量和种类的增加，航天应用需求类型日益丰富，成像卫星调度问题已远远超出经典调度模型所能涵盖的范畴；③动态不确定性，对于正在执行观测任务的成像卫星而言，运行环境中存在大量的不确定和动态扰动，从而使得成像卫星调度问题更为复杂；④约束条件的多样性与复杂性，成像卫星调度问题面临着各种各样的约束条件，各个约束条件之间相互关联与耦合，尤其是多星调度问题，各个载荷都有其特定的约束条件，而且各个载荷之间还需要进行相互协同(Chamoun et al.，2008)；⑤多目标性，成像调度问题中的性能指标常常不是单一的，调度问题一般面临着多个方面的优化目标，如有的需要最大化成像收益，有的要对原有调度方案变动最少，有的需要使得能量的消耗最省、有的需要最短时间内执行调度方案等。多个目标之间往往相互冲突。

与经典的调度问题诸如处理机调度、作业调度问题不同的是，成像卫星调度问题因为具有可见时间窗口约束，往往是 NPC 问题。通常的线性规划方法不能有效地建立卫星任务调度模型。

参 考 文 献

陈英武，方炎申，李菊芳，等.2006.卫星任务调度问题的约束规划模型.国防科技大学学报,28(5):126-132

戴光明，王茂才.2009.多目标优化算法及在卫星星座设计中的应用. 武汉: 中国地质大学出版社

郭玉华.2009. 多类型对地观测卫星联合任务规划关键技术研究. 长沙: 国防科学技术大学博士学位论文

国防科工局. 2016. 国家民用空间基础设施中长期发展规划(2015-2025 年). http://www.sdpc.gov.cn/zcfb/zcfbghwb/201510/W020151029394688578326.pdf.2016-01-30

贺仁杰,李菊芳,姚峰,等.2011.成像卫星任务规划技术. 北京: 科学出版社

李玉庆.2008.动态不确定环境下航天器观测调度问题研究. 哈尔滨: 哈尔滨工业大学博士学位论文

李云峰.2007. 卫星–地面站数传调度模型及算法研究. 长沙: 国防科技大学博士学位论文

刘晓娣.2007. 多卫星综合任务规划关键技术研究与实现. 长沙: 国防科技大学硕士学位论文

梅国宝, 吴世龙.2005. 电子侦察卫星的发展、 应用及其面临的挑战. 舰船电子对抗,28(4):28-31

阙渭焰, 林世山.2004. 电子侦察卫星能力探析. 卫星应用,12(1):45-51

孙佳.2007. 国外合成孔径雷达卫星发展趋势分析. 装备指挥技术学院学报,18(1):67-70

童敬华.2013. 求解卫星应急调度问题的策略研究.武汉: 中国地质大学硕士学位论文

王钧.2007. 成像卫星综合任务调度模型与优化方法研究.长沙: 国防科技大学博士学位论文

王永刚, 刘玉文.2003. 军事卫星及应用概论. 北京: 国防工业出版社

魏钟铨.2001. 合成孔径雷达卫星. 北京: 科学出版社

袁孝康.2003. 星载合成孔径雷达导论. 北京: 国防工业出版社

苑立伟, 杨建军, 刘海平.2004. 国外低轨道卫星综述. 航天返回与遥感,25(4):54-58

岳涛, 黄宇民, 刘品雄, 等.2008. 未来中国卫星遥感器的发展分析. 航天器工程,17(4):77-82

祝周鹏.2013. 面向任务的卫星平台载荷配置与应急规划技术.长沙: 国防科学技术大学硕士学位论文

Barbulescu L, Watson J P, Whitley L D, et al. 2004.Scheduling space-ground communications for the air force satellite control network. Journal of Scheduling, 7 (1): 7-34

Chamoun J P, Kim J, Beech T, et al. 2008. Mission planning and scheduling for the Lunar reconnaissance Orbiter. Proceedings of Space Ops 2008, Heidelberg, Germany

Christopher B J, Prosser P, Selensky E. 2003.Vehicle routing and job shop scheduling: What's the difference. Proceedings of the 13th International Conference on Artificial Intelligence Planning and Scheduling

Potter W, Gasch J. 1998. A photo album of earth scheduling daily Landsat 7 activities. Proceedings of Space Ops 98. Tokyo, Japan

Verfaillie G, Lemaitre M. 2006.Tutorial on planning activities for earth watching and observation satellites and constellations: From off–line ground planning to on–line on–board planning. Proceedings of ICAPS–06, Cumbria,UK

第 2 章　卫星任务规划技术研究现状

2.1　任务规划问题研究现状

2.1.1　过载规划问题研究现状

通常情况下，规划问题(scheduling problem)需要在满足各种约束限制和共享资源的前提下，对各个活动分配所需的资源以及活动执行时间序列进行安排(郭玉华等，2009)。过载规划问题(over–subscribed scheduling problem)是一种经典的规划问题。许多航天应用任务都属于过载规划问题，常见的有成像卫星规划、太空飞船有效载荷规划(space shuttle payloads)等。

Johnston 和 Miller(1994)针对哈勃太空望远镜开发了 SPIKE 任务规划系统，Zweben 等(1993)采用迭代修复技术对太空飞船有效载荷的规划问题进行求解，这里迭代修复的思想是，首先生成一个可行解，在搜索过程中允许一个部分可行解存在，然后通过对该部分可行解的不断修复，直至得到一个可行解为止；Chien 等(2000)针对实际应用开发的通用规划系统 ASPEN，采用了迭代修复和构建型方法两种求解技术，该系统在多颗卫星的任务规划中得到了广泛的应用；Globus 等(2002)在成像卫星规划中比较了遗传算法、模拟退火、爬山算法和 SWO 算法等算法，结论是模拟退火效果最好，而遗传算法效果最差；Barbulescu 等(2004)面向协同星地间通信的 AFSCN 问题，比较了邻域搜索(local search)、Gooley 算法和 Genitor 遗传算法，结论是邻域搜索及基于邻域搜索的启发式算法不如 Gooley 算法和 Genitor 遗传算法；Kramer 和 Smith(2002)针对美国空军货物空运要求提出了一种迭代修复启发式算法，效果很好。从上述求解方法中不难看出，同样是过载规划问题，问题特点不同，适宜的求解方法也不尽相同，因此在求解中需要根据问题特点展开研究。

2.1.2　车辆装卸问题研究现状

车辆装卸货问题(pickup and delivery problem，PDP)是车辆路线问题的一个重要分支，在经典的 VRP(vehicle routing problems)要求为若干完全相同的车辆安排路线，以完成对若干位于不同地点商品的访问，每件商品必须且只需访问一次，每辆车在完成访问任务后须返回它们共同的出发点的基础上，车辆装卸问题还要求对每件商品访问之后并把它送到指定的地点进行卸载。经典的车辆装卸问题可以概括为(Berbeglia et al., 2007)：①所有的装卸要求必须被满足；②商品只能在指定的地点被转载；③车辆容量不能被超过；④所有路线的里程最短等。为了适应求解实际问题的需要，很多学者在经典 VRP 的基础上进行了扩展和改造，添加了一些实际约束，这些扩展和改造主要有：考虑顾客的访问具有给定的时间窗口限制，车辆必须在给定时间窗口内到达(丁春山等，2006)；考虑车辆类型不同，部分商品需要指定进行装载的车辆类型；车辆具有多个起止和结束点；可以只满足部分任务的传输要求等(何衍等，2001)。

针对车辆装卸问题的研究成果很多，比较经典的问题求解方法包括:Ropke 和 Pisinger(2006)对大邻域方法进行了改进研究；Nanry 和 Barnes(2000) 提出的反馈(reactive)禁忌搜索算法；Li 和 Lim(2001)提出了禁忌与模拟退火结合的混合求解算法；Lim 等(2002)应用 SWO 算法进行问题求解；Lau 和 Liang(2001)也采用禁忌搜索进行求解，并提出了几种构建型方法；Bent 和 Van(2006)提出了基于大邻域搜索的启发式求解算法。从实验比较结果来看，在这些方法中，Ropke 和 Li 的方法最好。

2.1.3 约束优化问题研究现状

约束优化问题(constrained optimization problems)是一类广泛存在于实际工程中又较难求解的问题。在解决约束优化的问题上，按照性质大体上存在两类,即确定性方法和随机性方法。确定性方法通常是基于梯度的搜索方法，如投影梯度法、简约梯度法、各类外点和内点惩罚函数法、拉格朗日法和序列二次规划方法等，这些方法的主要问题是求解需要设置很好的初值点和函数梯度信息，对不可导、可行解域不连通等问题无能为力。随机性方法包括进化算法、模拟退火、禁忌搜索等，在这些方法中，进化算法是一种具有有向随机性的基于群体的智能优化搜索方法，具有鲁棒性强、搜索效率高等特点，更适合于求解约束优化问题(王勇等，2007)。

从约束处理技术上看，目前主要有三类求解方法：可行解域搜索、不可行解域搜索和空间映射方法，前两种方法在问题解空间进行搜索，第三种方法在映射空间搜索，并映射到问题的可行解域(王凌等，2008)。可行解域搜索方法是在搜索过程中不产生不可行解，主要的方法包括拒绝法、修复法、修改算子方法等，这些方法的优点是不会给下一代产生不可行解，但在一些具有高度约束的问题中，可行区域可能只占解空间中较小部分或比例，这时可行解相对较难产生，而且修复过程甚至比原问题求解更为复杂；不可行解域搜索允许搜索过程中适当的约束违反，搜索过程中通过算法参数控制引导不可行解向可行解域收敛，主要方法包括罚函数法、排序搜索法、约束转换为目标函数法等，这些方法受惩罚参数设计、约束类型和个数的影响较大，需要根据问题特征进行优化设计；空间映射法的主要思想是通过将原约束优化问题的搜索空间转化为一个拓扑结构等价的适用于进化算法求解的问题，主要的方法包括共形映射、Riemann 映射、置换空间映射等，空间映射增加了问题求解的复杂度，在一些强约束问题的处理中比较有效（余文和李人厚，2002）。

2.2 卫星任务规划问题研究现状

2.2.1 点观测任务

在对点观测任务的研究中，美国 NASA 的 Frank 等（2002）、Dungan 等（2002）将多星成像调度问题描述为约束优化问题，基于 CBI（constraint-based interval）框架表示成像调度问题，以基于随机搜索的贪婪算法求解；基于上述方法，他们实现了一个称为欧罗巴 EUROPA 的调度系统，他们的研究中考虑了观测任务的优先级，对存储器使用和数据下传进行了建模，但没有与地面站关联，在算法中也没有给出具体实现方法。NASA 的 Globus 等（2003，2004）将多星成像调度问题表示成置换序列，基于贪婪调度算子为置换序列分配成像资源，比较了随机爬山法（stochastic climbing hill）、模拟退火法（simulated annealing）、遗传算法（genetic algorithm）、随机采样法（iterated sampling）、SWO 算法（squeaky wheel optimization）五类方法，在其结论中认为模拟退火法的效果较好；其研究考虑了侧视约束、卫星存储容量等约束，并考虑了卫星能量限制，对地面站数据传输进行了简化处理。美国 NASA 喷气推进实验室的 Chien 等（2005）为追踪未预期的地面事件对一组对地观测卫星进行调度，主要介绍了多星传感器网络发现突发事件、数据处理、将信息传递给其他卫星进行观测的处理机制与流程，没有给出明确的模型和算法。

英国剑桥 Charles Stark Draper 实验室的 Abramson 等（2001，2002）针对大量小卫星进行了调度研究，建立了整数线性规划模型并进行求解，采用分层解决机制，将求解问题分解为多个层次，在每个层次建立动力学模型，给出了每层下的问题模型描述，但没有介绍求解算法，在他的研究中不同层次具有不同的约束类别，在最底层包含了侧视约束、数据存储和传输约束。意大利的 Bianchessi（2006）、Bianchessi 和 Righini（2008）基于整数规划数学模型，研究了名为 COSMO-SkyMed 的 SAR 卫星星座的任务规划问题，考虑了侧视、数据传输等约束，并考虑了特殊的存储使用约束，采用了一种贪婪构造算法求解可行解，并基于拉格朗日松弛方法获取问题的上界，贪婪求解方法无法保证算法收敛性。德国的 Florio 等（2005）、

Florio(2006)采用具有 Look Ahead 功能的优先级分配策略解决 SAR 卫星星座任务规划问题，没有给出数学模型，考虑了动作切换、能量、传输、存储等约束，贪婪方法无法保证收敛性。

国内研究中，王钧(2007)针对多星成像调度问题，采用全局优化和阶段优化两种处理策略。在全局优化策略中，允许为同一成像任务同时分配多个成像资源，通过代价函数来减少重复成像次数。在阶段优化策略中，根据成像概率将多星成像问题分解为多个单星成像子问题，采用多目标遗传算法搜索优化调度。贺仁杰(2004)将多星成像调度问题看作有时间窗约束的并行机调度问题，建立了成像侦察卫星调度问题的约束满足问题模型和混合整数规划模型，并给出了相应的列生成算法和禁忌搜索。其所采用的列生成算法也要求原问题必须是线性规划问题。所设计调度算法的实现依赖于 ILOG 和 CPLEX 等商业软件，其研究中只考虑了侧视约束。李菊芳(2005)研究了多星多地面站的任务规划问题，建立了混合约束规划模型，基于约束规划与启发式局部搜索相结合的求解方法。其启发式局部搜索采用了贪婪随机插入、变邻域禁忌搜索和导引式禁忌搜索等三种策略。相比于贺仁杰的工作，李菊芳建立的模型考虑了多地面站条件下的数据下传，在其研究中，考虑侧视、存储和简单的数据传输约束，问题假设简化，没有解决动态任务调度的问题。白保存(2008)针对多星成像，考虑任务合成观测及点与区域目标的混合规划，针对整体优化和分解优化两种优化策略，分别采用快速模拟退火和自适应蚁群算法进行求解。

2.2.2 组合观测任务

面向组合观测任务的任务规划研究中研究较多的是区域覆盖任务。除法国的 Lemaitre 等(2002a)、Lemaitre 等(2002b)、Habet 和 Vasquez(2004)、Mancel(2003)、Benoist 和 Rottembourg(2004)等将单颗灵巧型成像卫星应用于区域目标成像的研究，这些研究面向摆动自由度较大的灵巧型卫星，对其他卫星适应性不够。美国麻省理工大学的 Walton(1993)在其博士学位论文中研究了面向单个区域目标的单星调度问题，其研究目的是使搭载在 EOS-A1、A3 卫星平台上的 HIRIS 遥感器能够在最短时间内完成对单个区域目标的观测任务。他将整个优化问题分解为区域目标分割和观测活动排序两个子问题，将第一个子问题映射为集合覆盖问题，按照最小化场景总数为原则设计了分割区域目标的方法，将区域目标分割为互不重叠、大小相等的单景场景，并将第二个问题映射为旅行商问题进行求解，只能解决单个区域目标的求解问题，而且考虑的卫星能力较强，对其他卫星不适应。NASA 喷气推进实验室的 Cohen(2002)在技术报告中也分析了有多个区域目标待观测时的单星调度问题，没有给出求解详细内容，没有考虑多星联合的情况。澳大利亚的 Rivett 和 Pontecorvo(2004)在澳大利亚国防报告中介绍了面向区域目标的多颗星调度问题，考虑了多颗载有相同性能雷达传感器的卫星如何在用户限定的时间内更多地覆盖指定区域目标，考虑了场景重叠情况，建立了以最大化覆盖率为优化目标的整数规划模型，并开发了多个线性规划算法，研究中只针对单个区域目标进行求解，对多个区域和多种类型任务的情况考虑不足。国内国防科技大学的李曦(2005)在硕士学位论文中研究了面向单个区域目标的多星调度问题，先将区域目标分割为等经纬度差的网格，然后分别针对时间覆盖率优先和空间覆盖率优先建立基于网格的数学模型，分别采用贪婪算法和遗传算法进行了求解，并比较了算法性能，也只能解决单个区域目标问题，无法适应多种类型任务下的应用。国防科技大学的阮启明(2006)研究了区域目标的分割与成像调度问题，考虑了场景重叠情况，以多项成像资源条件下最大化区域观测率为优化目标，建立了问题求解模型，采用分级优化局部搜索算法进行求解，比较了贪婪、禁忌搜索和模拟退火三种算法，只能解决区域目标分解问题，对其他任务的适应性不足，而且场景重叠增大了问题的搜索空间，增大了问题求解的复杂度。

面向其他组合观测任务的研究中，法国 Vasquez 和 Hao(2001)将 SPOT-5 卫星的任务调度转化为 0-1 背包(knapsack)问题，考虑了存储容量、侧视约束，并考虑了立体成像和任务之间关联的三元约束等复杂约束进行处理，只能解决单星应用的问题。Bianchessi 等(2004，2007)面向 Pleiades 光学卫星星座，在其研究中考虑了侧视约束、多用户共享约束及任务的关联成像约束等，没有考虑卫星存储器和数据传输对规划的影响，采用三阶段处理机制，在第二阶段采用禁忌搜索方法进行求解，阶段分解求解方法无法保证整体优化性。法国 Lemaitre 等(2002)针对卫星任务规划中多用户均衡共享卫星资源的问题展开了比较深入的研究，解决了多用户均衡共享使用卫星资源的问题，采用的贪婪求解方法无法保证算法收敛性，而且应用条件特殊，不具普适性。

2.2.3 移动跟踪监视任务

本书所指移动目标是指运动于陆地和海洋表面移动速度相对较慢的目标。由于保密等原因，国内外关于卫星对移动目标跟踪监视的研究成果不多。从可以检索到的文献来看，目前主要有澳大利亚 DSTO 的 Berry 等(2002)和国内国防科技大学的慈元卓(2008)针对海洋移动目标的搜索展开了研究。Berry 等(2002)的研究中，采用了网格划分方法将观测区域划分为若干子网格，假设下次观测移动目标只能在当前网格和临近网格内运动，采用基于贝叶斯准则的概率更新计算方法，并建立了移动目标的高斯马尔可夫运动模型进行运动预测，他的研究中没有考虑海洋移动目标位置运动特点，对历史点信息也没有考虑，而且网格划分方法及移动目标只能出现在邻近网格的假设不能适应不等时观测采样及卫星幅宽不同的情况。慈元卓(2008)面向"离线"和"在线"规划两种模式，针对离线规划建立了基于部分可观马尔可夫决策过程(POMDP)的移动目标搜索模型；针对在线规划建立了基于预测模型控制(MPC)的移动目标搜索模型，他的研究中采用了与 Berry 类似的网格划分与预测模型，他的研究只考虑了目标的搜索发现，无法适应目标跟踪监视的要求。

基于其他平台对移动目标的跟踪监视，李新其等(2005a，b)、方曼等(2005)、谭守林等(2007)采用插值外推法对海上目标的轨迹进行拟合，在他们的研究中假设移动目标的位置信息可实时获取。Elnagar 和 Gupta (1998)在时变环境下根据前面所有时刻目标的位置和运动方向信息，采用自回归模型(autoregressive model)对目标后续位置进行预测，他们的研究中假设目标的运动模型在跟踪监视过程中保持不变。Allison 和 Geoffrey (2004)、Dizan 和 Thierry (2004)采用典型路线方法对人的运动路线进行预测，他们的研究不适应于目标在移动区域可随机机动的情况。

与陆上和海上目标的跟踪监视研究较少不同，目前针对机动目标跟踪的研究较多。所谓机动主要是指目标为执行某种战术意图和(或)由于未预谋的原因作改变原来规律的运动(丁春山等，2006)；机动目标跟踪就是要解决目标机动的情况下稳定精确跟踪问题。机动目标跟踪算法通常可以划分为两种：极大似然法和贝叶斯估计法，极大似然法通过对目标量测序列的分析，采用与当前目标运动模式匹配度最高(极大似然)的模型对目标状态进行跟踪和估计；贝叶斯估计法首先假设一组模型，再根据量测序列进一步估计出其中每个模型的匹配概率，最后采用贝叶斯公式对全部或部分模型估计进行综合。常用的极大似然法包括噪声自适应法(何衍等，2001)、变维法(Barshalom and Birmiwal，1982；Cloutier et al.，1993)、输入估计法(Lee and Tahk，1999)等，而贝叶斯估计法则主要包括多模型方法(Magill，1965；Ackerson and Fu，1970)和交互多模型方法(Blom and Shalom，1988)，以及基于这些方法的变体(Li and Barshalom，1996)等，目前交互多模型方法称为机动目标跟踪的主流应用方法。虽然一般情况下机动目标跟踪多针对空基目标进行跟踪，与本书研究的动态任务情况不属同一类问题，可以将陆上和海上目标移动时的情况视作动态任务的一种特例，这些研究对本书有一定的借鉴意义。

2.2.4 数传资源规划

典型的数传资源规划问题是美国的 AFSCN (air force satellite control network)的调度问题。AFSCN 是美国空军用以协调卫星与地面站通信的网络，包括 100 多颗卫星和 16 个数传天线，每天需要处理超过 500 个的数传请求。Gooley (1993)

研究了基于混合整数规划和插入启发式的调度方法，可以获得 91%~95%的优化度。Colin(1993)研究了基于拉格朗日松弛方法的调度算法。Parish(1994)提出了一种称为"Genitor"的基于遗传算法的调度算法，可以获得 96%的优化度。Jang(1996)研究了 AFSCN 网络的样本数据生成和服务能力问题。Burrowbridge(1999)研究了 AFSCN 网络中单个地面站上的低轨卫星通信调度，采用贪婪搜索算法进行求解。Howe 等(2000a,b)研究了 AFSCN 模拟器的数据生成，并测试了四种简单调度算法在这些数据上的性能，并实现了原型系统。Barbulescu 等(2004)研究了遗传算法、局部搜索等算法在 AFSCN 网络的 Benchmark 数据集上的性能差异，指出遗传算法在 AFSCN 问题上优于爬山算法等局部搜索算法。基于置换编码的表示方式使得搜索空间上存在大量的"平坦"区域，对搜索算法具有一定的影响；Barbulescu 等(2004)指出遗传算法和 SWO 算法相对于每次搜索一次邻域的局部搜索算法更易于跳出"平坦"区域。Roberts 等(2005)的研究表明，随机邻域搜索虽然是一种简单算法，却往往可以获得与很多复杂算法相似的优化结果。在这些对 AFSCN 问题的研究中，没有考虑任务优先级，因而不适合卫星类型载荷能力不同等条件下的应用。

在国外其他数传研究中，美国 Clement 和 Johnston(2005)针对 DSN(deep space network)规划问题，将局部搜索算子和迭代修复算子相结合，提出了基于启发式策略的混合算法，没有考虑任务之间可能的关联特性。意大利 Marinelli 等(2005)采用拉格朗日松弛启发式方法对多颗导航卫星与地面站间的通信调度问题进行求解，在其研究中没有考虑任务优先级。Rao 等(1998)、Soma 等(2004)研究了印度 ISTRAC(ISRO telemetry tracking and command network)网络中多星与多地面站之间的调度问题，文中针对地面站可见时间窗口之间的重叠问题采用冲突消解方法进行求解，并对星地调度问题采用遗传算法进行求解，也没有考虑任务之间的关联性。韩国的 Lee 等(2008)针对 COMS 规划问题，提出了 FFFS、ADT-PC、ADT-PCEB 等启发式算法，但缺乏统一模型描述，问题适应性不足。

国内研究中，刘晓娣(2007)提出了基于收益的多地面站冲突消解启发式方法，采用贪婪策略进行求解，这些方法都无法保证算法收敛性，而且没有考虑或简化考虑任务关联性。李云峰(2008)针对地面站资源分配问题建立了复杂的卫星数传需求模型，将实传与回放分别处理，提出了基于综合优先度或免疫遗传算法的卫星数传两阶段调度算法，分别求解实传成像数据的数传调度和记录成像数据的数传调度，考虑了简化的数传任务之间关联性，实传和回放分别处理导致问题割裂，没有考虑卫星任务分布对数传资源规划的影响，刘洋等(2003)在不考虑任务优先级的情况下，提出了一种贪婪算法。金光等(2004，2007)考虑任务固定优先级，建立了泛函模型，并提出了一种启发式算法进行求解。

2.3 成像卫星任务规划常用模型

2.3.1 图论问题模型

Gabrel 和 Vanderpooten(2002)用加权有向无环图 G 来表示成像卫星规划问题。该模型由若干个子图构成，每个子图 G_i 表示卫星的一个运行周期，每个子图中各有一个首尾节点 b_i 和 e_i，用来表示运行周期的开始和结束，其余各节点为等候观测的活动，且都有一个与优化目标相关联的权重。如果 $(s,t) \in G_i$，则表示在 G_i 对应的卫星周期中，活动 s 执行之后才执行活动 t。基于图模型，卫星规划问题被转化为最优路径规划问题，问题的实质就是找寻 G 中的一条最长路径，该问题可以借助最优路径问题的各种成熟算法进行解决。

图模型的优势在于简单、直观、易于理解，并且可以借助图论中各种成熟有效的多项式时间求解算法进行求解。其缺点在于采用图模型描述卫星任务规划问题，对于卫星任务规划中的许多实际约束很难描述，如相邻成像间卫星的最小转换时间、存储容量约束、卫星最大侧摆角度等。

2.3.2 背包问题模型

Vasquez 和 Hao(2001)采用多维背包模型描述卫星对地观测任务规划问题，并建立了如下数学模型：

$$\max \sum_{i=1}^{n} g_i \times x_i \tag{2-1}$$

$$\text{Subject to: } \sum_{i=1}^{n} m_i \times x_i \leqslant M, \quad \sum_{i=1}^{n} e_i \times x_i \leqslant E \tag{2-2}$$

$$\forall \{i, j\} \in I, \quad x_i + x_j \leqslant 1 \tag{2-3}$$

$$\forall i \in I, \quad x_i \in \{0, 1\} \tag{2-4}$$

式中，x_i 为观测活动 i 是否被安排的布尔变量，其取值为 0 或 1，如果为 1，表示活动被安排，如果为 0，表示活动没被安排。模型中给出了存储容量和能量等多个维度的约束，当活动的观测机会多于 1 个时，只选择其中的 1 个安排执行。问题的优化目标是最大化已安排任务的加权和。

背包模型简单，对资源的使用水平能够从多个维度进行表示，有各种成熟的高效优化求解算法。然而，与图模型相似，背包模型不能反映一些复杂实际约束，如相邻成像间卫星的最小转换时间、存储容量约束、卫星最大侧摆角度等。

2.3.3 线性整数规划模型

考虑到图模型与背包模型的不足，Gabrel(2003)将成像卫星任务规划问题描述为更一般的整数规划模型。其形式化描述如下：

$$\max \sum_{i=1}^{n} g_i \times y_i \tag{2-5}$$

$$\text{Subject to: } \sum_{j=1}^{n} m_j \times x_j \leqslant M, \quad \sum_{j=1}^{m} e_j \times x_j \leqslant E \tag{2-6}$$

$$\forall \{j,k\} \in I, \quad x_j + x_k \leqslant 1 \tag{2-7}$$

$$\forall \{i,j\} \in M, \quad x_j = y_i \tag{2-8}$$

$$\forall \{i,j,k\} \in S, \quad y_i = x_i/2 + x_k/2 \tag{2-9}$$

$$\forall i, y_i \in \{0,1\}; \quad \forall j, x_j \in \{0,1\} \tag{2-10}$$

在线性规划模型中，成像卫星任务规划问题中的所有线性约束都能够被描述，并且可以充分利用各种现有的描述线性规划模型的软件工具。但是由于整数规划问题本身求解困难，问题的求解代价随着问题的规模急剧增加。当问题规模增大时，求解效率通常较低。而且，对于一些非线性的约束，线性规划模型通常也无法进行描述。

2.3.4 约束满足问题模型

Bensana 等(1996)、陈英武等(2006)对于成像卫星规划问题采用约束满足模型(constraint satisfaction problem，CSP)进行描述，该模型与线性规划模型类似，但是具有对非线性约束进行描述的能力，而且其变量、约束关系的表达更加简单直观，而且求解约束满足问题的各种成熟软件工具也可以被用来直接求解卫星规划问题。CSP 模型具有很强的描述能力，然而仍然缺乏有效的求解算法。

2.3.5 车辆路线问题模型

李菊芳(2005)将成像卫星任务规划问题描述为车辆路线问题模型，模型中通过有一定容量的车辆来描述卫星及其有效载荷，将观测目标及地面接收站描述为顾客需要访问的节点，从而将成像卫星任务规划问题转换成具有时间窗口及容量约束的车辆路线问题。问题的优化目标即为在完成对顾客访问请求的前提下，所有车辆的总行驶里程最短。

参 考 文 献

白保存. 2008. 考虑任务合成的成像卫星调度模型与优化算法研究. 长沙: 国防科技大学博士学位论文

陈英武, 方炎申, 李菊芳, 等. 2006. 卫星任务调度问题的约束规划模型.国防科技大学学报, 28(5): 126-132

慈元卓. 2008. 面向移动目标搜索的多星任务规划问题研究. 长沙: 国防科技大学博士学位论文

丁春山, 安瑾, 何佳洲. 2006. 机动目标跟踪典型算法评述. 舰船电子工程, 26(1): 25-31

方曼, 张尚剑, 陈德军, 等. 2005. 可用于舰船运动检测的多项式拟合方法及参数选择.舰船科学技术, 27(2): 24-26

郭玉华, 李军, 赵珂, 等. 2009. 多星联合任务规划中不同迭代修复策略比较研究. 宇航学报, 30(3): 1255-1260

何衍, 蒋静坪, 张国宏. 2001. 基于新息偏差的自适应机动目标跟踪算法. 信息与控制, 30(4): 78-84

贺仁杰. 2004. 成像侦察卫星调度问题研究. 长沙:国防科技大学博士学位论文

金光, 武小悦, 高卫斌. 2004. 卫星地面站资源配置仿真研究.系统仿真学报, 16(11): 2401-2403

金光, 武小悦, 高卫斌. 2007. 基于冲突的卫星地面站系统资源调度与能力分析.小型微型计算机系统, 28(2): 310-312

李菊芳. 2005. 航天侦察多星多地面站任务规划问题研究. 长沙: 国防科技大学博士学位论文

李曦. 2005. 多星区域观测任务的效率优化方法研究.长沙: 国防科技大学硕士学位论文

李新其, 毕义明, 李红霞. 2005a. 海上机动目标的运动预测模型及精度分析. 火力指挥与控制, 30(4): 35-37

李新其, 毕义明, 李红霞. 2005b. 海上机动目标群威胁预警建模及仿真实现. 情报指挥控制系统与仿真技术, 27(4):28-32

李云峰. 2008. 卫星-地面站数传调度模型及算法研究. 长沙: 国防科技大学博士学位论文

刘晓娣. 2007. 多卫星综合任务规划关键技术研究与实现.长沙: 国防科学技术大学硕士学位论文

刘洋, 陈英武, 谭跃进. 2003. 基于贪婪算法的卫星地面站任务规划方法.系统工程与电子技术, 25(10): 1239-1241

阮启明. 2006. 面向区域目标的成像侦察卫星调度问题研究. 长沙: 国防科技大学博士学位论文

谭守林, 李新其, 唐保国. 2007. 组合建模的航母战斗群威胁预警方法. 火力与指挥控制, 32(3):37-40

王钧. 2007. 成像卫星综合任务调度模型与优化方法研究. 长沙:国防科技大学博士学位论文

王凌, 何锲, 金以慧. 2008. 智能约束处理技术综述. 化工自动化及仪表, 35(1): 1-7

王勇, 蔡自兴, 周育人, 等. 2007. 约束进化算法研究及其进展.软件学报, 18(11): 2691-2706

余文, 李人厚. 2002. 遗传算法对约束优化问题的研究综述. 计算机科学, 29(6): 98-101

Abramson M, Carter D, Kolitz S, et al. 2001. The design and implementation of draper's earth phenomena observing system. Proceedings of the AIAA Space Conference Albuquerque, NM, USA

Abramson M, Carter D, Kolitz S, et al. 2002. Real-time optimized earth observation autonomous planning. Proceedings of the 2nd Earth Science Technology Conference, Pasadena, CA, USA

Ackerson G, Fu K. 1970. On state estimation in switching environments. IEEE Transactions on Automatic Control, 15(1):10-17

Allison B, Geoffrey G. 2004. Better motion prediction for people-tracking. Proceedings of the IEEE International Conference on Robotics and Automation, New Orleans, LA, United states

Barbulescu L, Watson J, Whitley L, et al. 2004. Scheduling space-ground communications for the air force satellite control network. Journal of Scheduling, 7(1):7-34

Barshalom Y, Birmiwal K. 1982. Variable-dimension filter for maneuvering target tracking. IEEE Transaction on Aerospace and Electronic System, 18(5):621-629

Benoist T, Rottembourg B. 2004. Upper bounds for revenue maximization in a satellite scheduling problem. Quarterly Journal of the Belgian, French and Italian Operations Research Societies, (2):235-249

Bensana E, Verfaillie G, Agnese J, et al. 1996. Exact and approximate methods for the daily management of an earth observing satellite. Proc. of the 4th Symposium on Space Mission Operations and ground data systems, Munich, Germany

Bent R, Van H. 2006. A two-stage Hybrid Algorithm for pickup and delivery vehicle routing problem with time windows. Computers & Operations Research, 33(4):875-893

Berbeglia G, Cordeau J, Gribkovskaia I, et al. 2007. Static pickup and delivery problems: A classification scheme and survey. Top, 15(1): 1-31

Berry P, Pontecorvo C, Fogg D. 2002. Optimal search, location and tracking of surface Maritime targets by a constellation of surveillance satellites. Technique Report, DSTO–TR–1480

Bianchessi N. 2006. Planning and scheduling problems for earth observation satellites: Models and algorithms. Milano, Italy: Universit`a degli studi di Milano

Bianchessi N, Cordeau J, Desrosiers J, et al. 2007. A heuristic for the multi–satellite, multi–orbit and multi–user management of earth observation satellites. European Journal of Operational Research, 177(2): 750-762

Bianchessi N, Piuri V, Righini G, et al. 2004. An optimization approach to the planning of earth observing satellites. Proceedings of the 4th International Workshop on Planning and Scheduling for Space, Darmstadt, Germany

Bianchessi N, Righini G. 2008. Planning and scheduling algorithms for the COSMO–SkyMed constellation. Aerospace science and technology, 12(7): 535-544

Blom H, BarShalom Y. 1988. Interacting multiple model algorithm for system with Markovian switching coefficients. IEEE Transactions on Automatic Control, 33(8): 780-783

Burrowbridge S. 1999. Optimal allocation of satellite networks resource. Masters Thesis, Virginia Technology University

Chien S, Cichy B, Davies A, et al. 2005. An antonomous earth–observing sensorweb. IEEE Intelligent Systems, (5-6): 16-24

Chien S, Knight R, Stechert A, et al. 2000. Using iterative repair to increase the responsiveness of planning and scheduling for autonomous spacecraft. Proceedings of the 5th International Conference on Artificial Intelligence Planning and Scheduling, Breckenridge, Colorado

Clement B, Johnston M. 2005. The deep space network scheduling problem. Proceedings of the 17th Innovative Applications of Artificial Intelligence Conference, Pittsburgh, USA

Cloutier J, Lin C, Yang C. 1993. Enhanced variable dimension filter for maneuvering target tracking. IEEE Transaction on Aerospace and Electronic System, 29(3):786-797

Cohen R. 2002. Automated spacecraft scheduling–the aster example. Technique Report, Jet Propuision Labroratory

Colin E. 1993. Scheduling deep space network data transmissions: A Lagrangian relaxation approach. Proceedings of the Society of Photo–optical Instrumentation Engineers (SPIE), ORLANDO, Finland

Dian V, Thierry F. 2004. Motion prediction for moving objects: A statistical approach. Proceedings of the IEEE International Conference on Robotics and Automation, New Orleans, LA, United states

Dungan J, Frank J, Jonsson A, et al. 2002. Advances in planning and scheduling remote sensing instruments for fleets of earth orbiting satellites. Proceedings of the 2nd Earth Science Technology Conference, Pasadena, CA, USA

Elnagar A, Gupta K. 1998. Motion prediction of moving objects based on autoregressive model. IEEE Transactions on Systems, Man and Cybernetic, 28(6): 803-814

Florio S. 2006. Performances optimization of remote sensing satellite constellations: A heuristic method. Proceedings of International Workshop on Planning and Scheduling for Space, Baltimore, USA

Florio S, Zehetbauer T, Neff T. 2005. Optimal operations planning for SAR satellite constellations. Proceedings of 6th International Symposium on Reducing the Costs of Spacecraft Ground Systems and Operations, Darmstadt, Germany

Frank J, Jonsson A, Morris R, et al. 2002. Planning and scheduling for fleets of earth observing satellites. Proceedings of the 6th International Symposium on Artificial Intelligence, Robotics, Automation and Space, Montreal, Canada

Gabrel V. 2003. Mathematical programming for earth observation satellite mission planning. Operations Research in Space and Air, Series:Applied Optimization

Gabrel V, Vanderpooten D. 2002. Enumeration and interactive selection of efficient paths in a multiple criteria graph for scheduling an earth observing satellite. European Journal of Operational Research, 139(3):533-542

Globus A, Crawford J, Lohn J, et al. 2002. Scheduling earth observing fleets using evolutionary algorithms: Problem description and approach. Proceedings of the 3rd International NASA Workshop on Planning and Scheduling for Space, Houston Texas, USA

Globus A, Crawford J, Lohn J, et al. 2003. Scheduling earth observing satellites with evolutionary algorithms. Proceedings of the 1st International Conference on Space Mission Changes for Information Technology, Pasadena, California

Globus A, Crawford J, Lohn J. 2004. A comparison of techniques for scheduling earth observing satellites. Proceedings of the 19th National Conference on Artificial Intelligence/16th Conference on Innovative Applications of Artificial Intelligence, San Jose, CA

Gooley T. 1993. Automating the satellite range scheduling process. Masters Thesis, Air Force Institute of Technology, USA

Habet D, Vasquez M. 2004. Solving the selecting and scheduling satellite photographs problem with a consistent neighborhood heuristic. Proceedings of the 16th IEEE International Conference on Tools with Artificial Intelligence, Boca Raton, USA

Howe A, Whitley L, Watson J, et al. 2000a. A study of air force satellite access scheduling. Proc. of the World Automation Conference, Maui, HI

Howe A, Whitley L, Barbulescu L, et al. 2000b. Mixed initiative scheduling for the air force satellite control network. Second International NASA Workshop on Planning and Scheduling for Space, San Francisco, USA

Jang K. 1996. The capacity of the air force satellite control network. Masters Thesis, Air Force Institute of Technology, USA

Johnston M, Miller D. 1994. Spike: Intelligent Scheduling of Hubble Space Telescope Observations.San Francisco: Morgan Kaufmann Publishers

Kramer L, Smith S. 2002. Optimizing for change mixed–initiative resource management with the amc barrel allocator. Proceedings of the 3rd International NASA Workshop on Planning and Scheduling for Space, Houston Texas, USA

Lau H, Liang Z. 2001. Pickup and delivery with time windows: Algorithms and test case generation. Proceedings of the 13th IEEE Conference on Tools with Artificial Intelligence, Dallas, USA

Lee H, Tahk M. 1999. Generalized input–estimation technique for tracking maneuvering targets. IEEE Transaction on Aerospace and Electronic System, 35(4):1388-1402

Lee S, Won J, Kim J. 2008. Task scheduling algorithm for the communication, ocean and meteorological satellite. ETRI Journal, 30(1):1-12

Lemaitre M, Verfaillie G, Fargier H, et al. 2002a. Equitable allocation of earth observation satellites resources. Proceedings of the 3rd NASA International Workshop on Planning and Scheduling for Space, Houston, TX, USA

Lemaitre M, Verfaillie G, Jouhaud F, et al. 2002b. Selecting and scheduling observations of agile satellites. Aerospace Science and Technology, 6(5): 367-381

Li H, Lim A. 2001. A meta–heuristic for the pickup and delivery problem with time windows. Proceedings of the 13th IEEE Conference on Tools with Artificial Intelligence, Dallas, USA

Li H, Lim A, Rodrigues B. 2002. Solving the pickup and delivery problem with time windows using "Squeaky Wheel" optimization with local search. Technique Report, Singapore Management University

Li R, Barshalom Y. 1996. Multiple–model estimation with variable structure. IEEE Transactions on Automatic Control, 41(4):478-493

Magill D. 1965. Optimal adaptive estimation of sampled stochastic processes. IEEE Transactions on Automatic Control, 10(4):434-439

Mancel C. 2003. A column generation approach for earth observing satellites. Proceedings of the 2nd Operational Research Peripatetic Postgraduate Programme, Lambrecht, Germany

Marinelli F, Nocella S, Rossi F, et al. 2005. A lagrangian heuristic for satellite range scheduling with resource constraints. Technical Report TRCS 004

Nanry W, Barnes J. 2000. Solving the pickup and delivery problem with time windows using reactive tabu search. Transportation Reseach, 34(2):107-121

Parish D. 1994. A genetic algorithm approach to automating satellite range scheduling. Masters Thesis, Air Force Institute of Technology, USA

Rao J, Soma P, Padmashree G. 1998. Multi–satellite scheduling system for Leo satellite operations. Proc. of the 5th International Conference on Space Operations, Tokyo, Japan

Rivett C, Pontecorvo C. 2004. Improving satellite surveillance through optimal assignment of assets. Technical Report, Australian Government Department of Defence

Roberts M, Whitley L, Howe A, et al. 2005. Random walks and neighborhood bias in oversubscribed scheduling. 2nd Multidisciplinary International Conference on Scheduling: Theory and Applications, New York, USA

Ropke S, Pisinger D. 2006. An adaptive large neighborhood search heuristic for the pickup and delivery problem with time windows. Transportation Science, 40:455-472

Soma P, Venkateswarlu S, Santhalakshmi S, et al. 2004. Multi–satellite scheduling using genetic algorithms. Second Workshop on Semantics, Program Analysis, and Computing Environments for Memory Management, Venice, Italy

Vasquez M, Hao J. 2001. A logic–constrained Knapsack formulation and a Tabu algorithm for the daily photograph scheduling of an earth observation satellite. Computational Optimization and Applications, 20(2): 137-157

Walton J. 1993. Models for the management of satellite–based sensors. Dissertation of PH.D, Massachusetts Institute of Technology

Zweben M, Daun B, Davis E, et al. 1993. Scheduling and rescheduling with iterative repair. IEEE Transactions on systems, man, and cybernetics, 23(6):1588-1596

第 3 章 载荷侧摆多星点目标调度算法

3.1 相 关 计 算

3.1.1 卫星与地面目标的角度关系

卫星与地面目标的角度关系如图 3-1 所示（宋志明，2015；王茂才等，2013），θ 为星下点角，φ 为地心角，ς 为卫星的仰角。

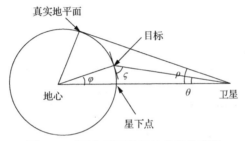

图 3-1 卫星与地面目标的角度关系图

首先求地球角半径 ρ：

$$\sin \rho = \frac{R_E}{R_E + H} \tag{3-1}$$

已知 θ，则可由几何关系式 $\sin \theta = \cos \varsigma \sin \rho$ 求得卫星的仰角：

$$\varsigma = \arccos \frac{\sin \theta}{\sin \rho} \tag{3-2}$$

则通过关系式 $\varphi + \theta + \varsigma = 90°$ 可以求得地心角：

$$\varphi = 90° - \theta - \arccos \frac{\sin \theta}{\sin \rho} \tag{3-3}$$

根据覆盖角度及遥感器的视场角与侧摆角度，可以得到该时刻遥感器对目标点的覆盖状况，以及覆盖所需要遥感器的最小侧摆角度。

3.1.2 侧摆角度正负计算

在侧摆时，用正负来表示遥感器侧摆的方向。卫星围绕地球转动，在地心天球系里，若不考虑地球摄动的影响，卫星的轨道平面是固定的，在卫星调度周期内取两个时刻点 t_a 和 t_b，其中 $t_a < t_b$，分别计算卫星 t_a、t_b 时刻在天球系下位置 P_a、P_b，P_a、P_b 可分别作为 t_a、t_b 时刻卫星在天球系下的位置向量，计算这两个向量的叉积即可得到 $[t_a, t_b]$ 时间段卫星运行平面的法矢量 $\text{PlaneVector}_{\text{sat}}$，将 t_a 时刻目标点 Target 的位置坐标转换为天球系下的位置向量为 $\text{Target}_{\text{ECI}}$，然后将 $\text{PlaneVector}_{\text{sat}}$ 与 $\text{Target}_{\text{ECI}}$ 进行点积运算，若运算结果大于 0，则表示 t_a 时刻目标点在轨道的正侧，如果需要侧摆，其侧摆角度一定大于 0，若运算结果小于 0，则表示 t_a 时刻目标点在轨道的反侧，如果需要侧摆，其侧摆角度一定小于 0（王茂才等，2013）。

3.1.3 时间窗口计算

在卫星调度过程中，时间窗口的计算是个基本且必不可少的过程，本书中，首先通过时间样点进行粗略计算，然后通过迭代二分法进行精确求解，直到达到所要求的精度为止。在调度时间段 (tSpanB, tSpanE) 内，选择某个合适的时间步长来对时间进行取样，一般而言，可以以卫星星下点移动幅宽大小所需的时间为步长，从而得到一系列时间样点 $(t_1, t_2, \cdots, t_n)$，然后对某个时间样点 t_i，在给定的遥感器视场角和允许侧摆角度情况下，通过求取地心角来判断目标点是否在此刻被覆盖，计算出样点 t_i 被覆盖后，规定此时的时间窗口为 $[t_{i-1}, t_i]$，如果相邻时间样点 t_{i+1} 时刻也被覆盖，则时间窗口为 $[t_i, t_{i+1}]$，直到该时间窗口的前后时间样点都不能被覆盖位置，此时的时间窗口为 $[t_i, t_j]$。然后计算 $\dfrac{t_{i-1}+t_i}{2}$ 和 $\dfrac{t_j+t_{j+1}}{2}$ 的覆盖情况。目前只讨论向前找到最早开始时间的情况，如果 $\dfrac{t_{i-1}+t_i}{2}$ 时刻目标点能被覆盖，则时间窗口变为 $\left[\dfrac{t_{i-1}+t_i}{2}, t_j\right]$，然后计算目标点在 $\dfrac{\dfrac{t_{i-1}+t_i}{2}+t_{i-1}}{2}$ 时刻能否被覆盖；否则时间窗口仍为 $[t_i, t_j]$，然后计算 $\dfrac{\dfrac{t_{i-1}+t_i}{2}+t_{i-1}}{2}$ 时刻目标点被覆盖的情况，以此二分法将时间进行划分，直到达到时间窗口所需的精度为止（宋志明等，2015；宋志明等，2014a，b）。

3.2 调 度 模 型

载荷侧摆情况下多星点目标调度问题可以描述为在 m 个遥感设备(资源集合 M)安排 n 个点目标观测任务(活动集合 J)。对于每一个活动 $j \in J$,只有资源子集 $M_j \subseteq M$ 可以满足其执行要求,虽然由于卫星在其轨道上的高速运行,对于点目标而言,只需要某一时刻能覆盖到该点即表示能完成,但是为了保证所成图像的清晰度,还是认为载荷对该点目标覆盖的时间段为一定值 $p_{j,k}$ 时才能认为该点目标任务被完成。而且对于需要占用同一资源 k 的活动 i 和活动 j,不妨假设活动 j 在活动 i 之后执行,那么活动 i 执行完成后,由于载荷状态或姿态的调整需要一个转换时间 $s_{i,j,k}$,之后活动 j 才能开始被执行。由于资源能力、用户要求和调度时间的限制,活动可能不能全部被安排,而每一个活动 i 都有其对应的权值 c_i,它代表该活动被完成时可获得的收益值。当活动不能全部被安排时,应尽量产生总收益值比较大的方案(王茂才等,2013)。

本书中,一个最优的调度方案应满足以下条件:

(1)每一个活动只能在自己的满足约束条件的时间窗口内被执行,否则,认为该活动未被执行;

(2)每一个活动执行只能占用满足其要求的资源中的一个资源,且执行过程不能被中断;

(3)每一个资源在任何时候都只能同时执行一个活动;

(4)所安排执行的活动的总权值最大;

(5)在满足活动的总权值最大的前提下,载荷侧摆的次数最小;

(6)在满足活动的总权值最大的前提下,载荷侧摆的角度和最小。

为每一个活动 i 定义变量 u_i。$u_i = 1$ 表示活动被安排执行;否则 $u_i = 0$。为活动 i 定义变量 angle_i、w_i,其中 angle_i 表示对应的载荷完成活动 i 所需要侧摆的角度大小,若 $\text{angle}_i = 0$,则表示完成活动 i 载荷不需要进行侧摆操作就可完成,此时 $w_i = 0$;否则 $w_i = 1$。目标函数可定义为

$$\max : \sum_{i=1}^{n} c_i u_i \tag{3-4}$$

$$\min : \sum_{i=1}^{n} w_i \tag{3-5}$$

$$\min: \sum_{i=1}^{n} \text{angle}_i \qquad (3\text{-}6)$$

式中，c_i 为活动 i 的权值。对于载荷侧摆情况下多星点目标调度问题，本书的模型中考虑了三个目标函数。式(3-4)表示综合收益最大，式(3-5)表示侧摆次数最小，式(3-6)表示总的侧摆角度最小。

3.3　调度算法

3.3.1　种群初始化

书中采用随机初始化方法产生种群个体，为预处理阶段所得的每个存在时间窗口的任务(即有可能被安排完成的活动)在可使用的时间窗口内随机选取合适的时间窗口，选定了对应的时间窗口后，需要确定所对应载荷的侧摆角度的大小。对于载荷侧摆情况下的调度问题，由于预处理阶段所获得的时间窗口为载荷在允许侧摆角度最大时所获得的时间窗口 $[t_1, t_2]$，则该时间窗口初始化时对应的侧摆角度范围 $[\text{angle}_{\min}, \text{angle}_{\max}]$ 为 $[0, \text{angle}_{\max}]$，考虑到优化的目标函数包含使侧摆角度次数和侧摆角度和最小，为了加速算法的收敛速度，在初始化每个任务完成所需的侧摆角度 angle 时默认为不侧摆，即 $\text{angle} = 0$，然后在时间段 $[t_1, t_2]$ 内计算该任务 i 在侧摆角度为 angle 时是否能被所选择的载荷所覆盖完成，若当侧摆角度为 angle 时，在时间段 $[t_1, t_2]$ 中存在对应的时间窗口 $[t_{\text{start}}, t_{\text{end}}]$，则该任务所对应的基因中表示的侧摆角度大小为 angle；若当侧摆角度为 angle 时，在时间段 $[t_1, t_2]$ 内不存在对应的时间窗口，则表示在载荷侧摆角度为 angle 时还不能完成对该点目标的覆盖，需要重新调整侧摆角度，即 angle 的值，此时在该时间窗口下载荷对应的侧摆角度范围更新为 $[\text{angle}, \text{angle}_{\max}]$，然后在 $[\text{angle}, \text{angle}_{\max}]$ 范围内随机产生新的 angle 的值，迭代更新选取，直到获得在时间段 $[t_1, t_2]$ 内存在对应的时间窗口，在迭代过程中，为了防止迭代陷入无限循环，当迭代结果满足一定的精度范围时，直接令 $\text{angle} = \text{angle}_{\max}$，即该任务在所选择的载荷侧摆角度最大时存在对应的时间窗口，此时该任务所对应的基因中表示的侧摆角度大小为 angle。在确定了对应载荷的侧摆角度大小后，根据前面介绍的计算侧摆角度正负的方法来获得对应的侧摆方向(王茂才等，2013)。

3.3.2　交叉算子

交叉算子是根据两个解进行一定程度的信息交换来生成新的解。在遗传算法中，一般通过设置交叉概率来控制种群中参与交叉操作的个体的百分比。本书采用的是任务级别的单点交叉算子，具体过程为：随机选择两个需要进行交叉操作的个体 Pop_1 和 Pop_2，然后同样随机产生要交叉的位置，选择好交叉点后，将该位置之后的所有任务连同任务上的时间窗口序列一同交换即可。将新产生的两个个体都添加到种群中（王茂才等，2013）。

3.3.3 变异算子

在遗传算法中，变异算子根据一个个体通过基因变异产生新的个体，它本质上是根据一个解对其领域范围进行一定程度的搜索，同交叉算子一样，它也需要一个变异概率来控制种群中变异个体的百分比。变异算子也根据问题和编码方式的不同，所采用的变异方式也各式各样，本书选择对时间窗口的选择进行变异，在选择了一个个体后，随机选择需要进行变异的基因位，知道该基因位所表示的任务所选择来完成该任务所需的卫星载荷，判断该载荷在调度时间段内对该点目标任务是否存在多个覆盖时间窗口，若存在，则进行变异操作，在这多个可选的时间窗口中，选择新的时间窗口来完成对该点目标的覆盖任务。在选择了时间窗口后，同样存在一个选择载荷侧摆角度大小和判断载荷侧摆方向的问题，这些参数的选取方法与产生初始化个体中采用的方法相同。在完成对该基因所表示的任务的时间窗口新的选择后，对应新的个体也产生了，将新的个体加入到种群中（王茂才等，2013）。

3.3.4 个体评价

对于载荷侧摆情况下多星点目标调度问题，在调度过程中，由于存在时间窗口的选择的问题，在使用遗传算法进行求解时，种群中可能会存在不满足时间约束的个体，在遗传算法中对非可行解引入冲突度的概念（王茂才等，2013）。所谓冲突度 δ，即指该个体所对应的调度方案中，各基因所表示的任务间由于一些约束条件的限制而导致的冲突，冲突度是整个个体中冲突所出现的次数。基于冲突度的适应度函数值的计算式如下：

$$f_i = \frac{\text{Cost}(i)}{(1+\delta_i)^2} \tag{3-7}$$

式中，分母 $(1+\delta_i)^2$ 的目的在于加大惩罚的力度以尽量避免有冲突的个体；$\text{Cost}(i)$ 为个体的整体收益指；δ_i 为个体的冲突度。本书中个体中的基因满足以下条件时表明存在时间冲突：

$$(t_i + p_{i,\text{satNo}_i} + t_{\text{switch}} + (|\,gene_i.angle\,| + |\,gene_j.angle\,|)/\text{rate} \geqslant t_j)$$
$$\|\,(t_j + p_{j,\text{satNo}_j} + t_{\text{switch}} + (|\,gene_i.angle\,| + |\,gene_j.angle\,|)/\text{rate} \geqslant t_i) \tag{3-8}$$

式中，t_i 为活动 i 实际开始执行的时间；satNo_i 为活动 i 占用的卫星资源；p_{i,satNo_i} 为活动 i 占用资源 satNO_i 的时间，即完成活动 i 所需要的时间；t_{switch} 为完成活动 i 后若执行活动 j 卫星所需要的状态转换时间；$gene_i$ 为个体中的活动 i 所对应的基因；rate 为载荷侧摆的速率；只有当活动 i 与活动 j 占用同一卫星资源时，才需要对进行冲突判断，即当 $\text{satNO}_i = \text{satNO}_j$ 时需要使用式(3-8)来判断 $gene_i$、$gene_j$ 之间是否存在冲突；($|gene_i\ angle| + |gene_j\ angle|)/\text{rate}$)为载荷在完成活动 i 后转去执行活动 j 所需要的姿态调整时间。

在对个体评价时，将计算的冲突度适应度函数值作为第一个目标值，第二个目标值所有载荷侧摆的次数和第三个目标值载荷侧摆角度和直接通过每个个体中所有基因的 angle 属性来计算即可。

3.3.5 冲突减少算子

在初始化和交叉变异等算子中，会产生许多具有冲突的个体，对于有冲突的个体，虽然在评价个体中计算个体的适应度函数时通过罚函数来选择冲突值比较小的个体，但这样并不能减少个体间的冲突，因而为了尽可能将有冲突的个体优化为无冲突的个体，在算法中加入了减少冲突算子(王茂才等，2013)。

在存在冲突的个体中，每一个基因所表示的活动 i 都存在一个最早开始执行时间 $t_{\text{earlystart}}$ 和最晚开始执行时间 $t_{\text{latestart}}$，活动 i 的实际开始执行时间 $t_i \in [t_{\text{earlystart}}, t_{\text{latestart}}]$，通过在允许范围内调整 t_i 的值，可以减少个体的冲突值。本书中，对于每一个冲突个体，通过随机调整 t_i 来产生 N 个新的个体，在这 $N+1$ 个个体中选择一个冲突值最小的个体保留在种群中。

3.3.6 选择算子

算法中的选择算子主要是从父代中选择比较好的个体保留到下一代，它用于指导算法的整个种群的进化方向。

本书采用锦标赛选择的方法，根据目标函数的优先级，选择一定数量的个体进入下一代，对于个体 individual_i 和个体 individual_j，进行比较选择的方法为(王茂才等，2013)：

if$(\text{individual}_i.\text{obj}[0] > \text{individual}_j.\text{obj}[0])$ 选择 individual_i ;

else if$(\text{individual}_i.\text{obj}[1] < \text{individual}_j.\text{obj}[1])$ 选择 individual_i ;

else if（individual$_i$.obj[2] < individual$_j$.obj[2]）选择 individual$_i$；

else 选择 individual$_j$。

其中，obj[0]、obj[1]、obj[2] 分别对应个体整体收益值、个体所对应的载荷侧摆次数、个体所对应的载荷侧摆角度和。

3.3.7　冲突消除算子

为了减少解的冲突值，以获得最佳的调度方案，虽然已经采用了罚函数和减少冲突算子来减少个体的冲突度，尽可能获取没有冲突度的可行解。但由于卫星载荷类型、用户需求、目标点位置和调度时间段等因素的影响，可能点目标任务不能被全部覆盖完成，会存在因时间窗口冲突的原因而无法完成的任务，若最终的个体中具有冲突值，则该个体所对应的调度方案是不可取的，对于存在冲突值的个体必须进行冲突消除，因而设计了冲突消除算子(王茂才等，2013)。

本书为每个基因即活动定义其冲突代价的概念，冲突代价这里定义为：对于活动 i，计算所有与活动 i 有时间冲突的活动的权值和，将其作为活动 i 的冲突代价。对于具有冲突值的个体，计算其所有活动所对应的冲突代价，然后删除冲突代价最大的活动，之后重新判断该个体是否还存在冲突，若存在，则依照相同的方法进行删除活动，直到不存在冲突为止，此时生成的个体即为可行最优调度方案。

3.4　仿　真　算　例

3.4.1　卫星参数

本算例中选用的卫星参数如表 3-1 所示。仿真结果在 STK 中显示。

表 3-1　卫星参数

卫星名	长半轴/m	偏心率	轨道倾角/(°)	升交点赤经/(°)	近地点幅角/(°)	平近点角/(°)	传感器张角/(°)
Sat-1	7193.589939	0.002344	98.726	107.085	107.085	184.659	10
Sat-2	7069.315052	0.000753	98.257	195.388	72.149	231.877	15
Sat-3	6826.167581	0.001063	97.326	76.800	81.466	136.42	8
Sat-4	6891.832242	0.002011	97.325	333.934	237.611	112.260	10
Sat-5	7046.723002	0.000919	98.138	178.688	80.162	244.539	15

3.4.2 地面点目标设计

地面点目标即观测目标，本书在地球陆地范围内随机选取了 100 个地面点目标，它的分布具有一定的代表性。地面点目标的具体位置参数及持续时长、完成该任务所获的收益值即权重，如表 3-2 所示。

表 3-2 地面点目标具体参数

目标	经度/(°)	纬度/(°)	持续时长/s	权重	目标	经度/(°)	纬度/(°)	持续时长/s	权重
1	47.25	55.22	10	50	23	132.12	−68.02	6	40
2	22.5	−32.29	5	40	24	143.51	−28.35	6	60
3	−102	54	6	50	25	118.59	−32.64	7	60
4	−100.5	22.74	7	60	26	115.8	30.51	8	30
5	−68.88	−31.91	8	70	27	115.41	42.23	9	30
6	46.13	25.41	9	60	28	78.34	19.68	9	80
7	8.41	49.87	8	30	29	115.04	65.87	8	70
8	138	49.49	7	50	30	155.39	64.25	7	60
9	115.13	−24.65	6	30	31	78.05	65.06	6	40
10	9.38	55.22	5	70	32	87.19	59.1	5	30
11	101.3	18.02	4	40	33	78.75	51.24	5	80
12	−62.63	7.45	3	60	34	65.74	43.37	6	60
13	−64.13	44.52	4	70	35	91.41	42.02	6	50
14	24.46	−7.07	5	50	36	18.98	15.99	7	40
15	29.63	27.71	6	50	37	−70.66	−47.44	8	60
16	99.8	73	7	50	38	−77.7	−6.23	9	40
17	−14.63	18.92	8	60	39	−117.42	43.1	10	60
18	−161.25	55.22	9	40	40	121.53	53.8	9	70
19	35.54	43.38	10	60	41	120.61	26.82	8	80
20	−41.63	72.8	9	70	42	129.36	37.68	7	60
21	−52.36	−17.01	8	80	43	110.03	50.84	6	40
22	98.26	19.43	7	60	44	66.75	67.29	6	60

目标	经度/(°)	纬度/(°)	持续时长/s	权重	目标	经度/(°)	纬度/(°)	持续时长/s	权重
45	56.16	65.32	7	60	73	−93.45	39.65	5	80
46	105.88	32.74	8	30	74	−110.03	38.67	6	60
47	44.65	64	9	30	75	−122.46	50.84	6	50
48	30.38	68.94	9	80	76	−107.26	31.76	7	40
49	73.2	14.31	8	70	77	−120.61	39.32	8	60
50	14.73	65.98	7	60	78	−83.79	47.88	9	40
51	49.26	5.43	6	40	79	−69.51	−15.68	10	60
52	24.4	9.05	5	30	80	−51.1	71.24	9	70
53	63.07	51.83	5	80	81	−162.79	64.33	8	80
54	89.31	33.4	6	60	82	−80.1	64.33	7	60
55	73.2	36.36	6	50	83	−106.34	23.86	6	40
56	92.53	26.16	7	40	84	−69.38	−31.91	6	60
57	113.25	11.02	8	60	85	−68.38	−31.91	7	60
58	117.39	4.44	9	40	86	−68.21	−31.3	7	60
59	112.33	−0.49	10	60	87	−69.38	−32.31	9	30
60	−68.13	78.81	9	70	88	−68.88	−32.31	9	80
61	132.58	23.86	8	80	89	−68.38	−32.31	8	70
62	116.93	16.62	7	60	90	−67.88	−32.31	7	60
63	0	32.08	6	40	91	99	73	6	40
64	96.68	10.04	6	60	92	133.51	−69.02	5	30
65	−71.36	54.46	7	60	93	132.18	−67.2	5	80
66	−118.77	63.67	8	30	94	133.49	−67.2	6	60
67	−128.44	67.29	9	30	95	99.9	5.1	6	50
68	−145.47	66.97	9	80	96	−59.85	75.52	7	40
69	−110.95	55.78	8	70	97	−44.19	−6.09	8	60
70	−154.68	67.29	7	60	98	−42.81	63.02	9	40
71	−77.34	38.67	6	40	99	145.47	57.09	10	60
72	−131.2	58.08	5	30	100	135.81	56.11	9	70

经度的正负号含义：正表示东经，负表示西经；纬度的正负号含义：正表示北纬，负表示南纬。

3.4.3 测试环境设置

测试环境如下：

(1)硬件配置，CPU: Intel(R) Pentium(R) CPU G630；

(2)内存，4.00GB；

(3)操作系统，Windows 7；

(4)编程环境，Visual Studio 2010；

(5)测试参数，种群大小为 50，演化代数为 50，交叉概率 0.5，变异概率 0.5。

3.4.4 测试结果

1. 第一组实验测试

场景时间段：2012/1/1 00:00:00~2012/1/1/ 06:00:00。

算法：本组测试中，将三个目标函数看作支配关系而非等价关系。在求解过程中将优先考虑第一个目标，最大化整体的收益值，只有当第一个目标优化完成后，才会在不降低第一个目标的基础上优化第二个目标。在第二个目标优化完成后，再对第三个目标进行优化。因此，该载荷侧摆调度问题虽然有三个目标函数，但并不需要采用多目标优化算法来对其进行优化，采用遗传算法，先优化第一个目标，然后再优化第二个、第三个目标。测试结果如表 3-3 所示。无侧摆时、最大侧摆角为 5°时、最大侧摆角为 10°时的调度方案分别如表 3-4~表 3-6 所示。

表 3-3　测试结果(单目标方法)

侧视角度/(°)	0	5	10
无时间窗口任务数	58	43	35
因资源冲突无法完成任务数	1	13	11
完成任务数	41	44	54
收益值	2330	2500	3020
侧视角度和/(°)	0	32.4219	214.753
侧视次数	0	8	28
执行时间/s	787.139	1174.3	1702.2

表 3-4 侧摆角度为 0°时的最终调度方案

目标	卫星	传感器	开始时间	结束时间	侧摆角度/(°)
1			没有时间窗口		
2			没有时间窗口		
3	Sat-5	sensor-5	2012/1/1 4:52:15	2012/1/1 4:52:21	0
4	Sat-2	sensor-2	2012/1/1 4:43:39	2012/1/1 4:43:46	0
5			没有时间窗口		
6			没有时间窗口		
7			没有时间窗口		
8			没有时间窗口		
9	Sat-2	sensor-2	2012/1/1 2:16:33	2012/1/1 2:16:39	0
10			没有时间窗口		
11			没有时间窗口		
12			没有时间窗口		
13	Sat-1	sensor-1	2012/1/1 2:13:22	2012/1/1 2:13:26	0
14			没有时间窗口		
15			没有时间窗口		
16	Sat-2	sensor-2	2012/1/1 5:06:08	2012/1/1 5:06:15	0
17			没有时间窗口		
18			没有时间窗口		
19			没有时间窗口		
20	Sat-4	sensor-4	2012/1/1 1:40:05	2012/1/1 1:40:14	0
21	Sat-4	sensor-4	2012/1/1 0:29:30	2012/1/1 0:29:38	0
22	Sat-2	sensor-2	2012/1/1 3:43:05	2012/1/1 3:43:12	0
23			没有时间窗口		
24			没有时间窗口		
25	Sat-5	sensor-5	2012/1/1 2:19:09	2012/1/1 2:19:16	0
26			没有时间窗口		

目标	卫星	传感器	开始时间	结束时间	侧摆角度/(°)
27	Sat-5	sensor-5	2012/1/1 3:36:29	2012/1/1 3:36:38	0
28			没有时间窗口		
29	Sat-2	sensor-2	2012/1/1 3:29:48	2012/1/1 3:29:56	0
30			没有时间窗口		
31			没有时间窗口		
32	Sat-2	sensor-2	2012/1/1 5:10:19	2012/1/1 5:10:24	0
33	Sat-1	sensor-1	2012/1/1 5:58:23	2012/1/1 5:58:28	0
34			没有时间窗口		
35			没有时间窗口		
36			没有时间窗口		
37			没有时间窗口		
38	Sat-1	sensor-1	2012/1/1 3:40:08	2012/1/1 3:40:17	0
39			没有时间窗口		
40			没有时间窗口		
41	Sat-1	sensor-1	2012/1/1 2:43:38	2012/1/1 2:43:46	0
42	Sat-2	sensor-2	2012/1/1 1:59:26	2012/1/1 1:59:33	0
43	Sat-2	sensor-2	2012/1/1 3:34:13	2012/1/1 3:34:19	0
44			没有时间窗口		
45			没有时间窗口		
46			没有时间窗口		
47			没有时间窗口		
48			没有时间窗口		
49	Sat-2	sensor-2	2012/1/1 5:23:01	2012/1/1 5:23:09	0
50			没有时间窗口		
51			没有时间窗口		
52			没有时间窗口		
53			没有时间窗口		

目标	卫星	传感器	开始时间	结束时间	侧摆角度/(°)
54	Sat-4	sensor-4	2012/1/1 2:55:59	2012/1/1 2:56:05	0
55			没有时间窗口		
56			没有时间窗口		
57			没有时间窗口		
58	Sat-3	sensor-3	2012/1/1 2:57:16	2012/1/1 2:57:25	0
59			没有时间窗口		
60	Sat-4	sensor-4	2012/1/1 4:47:47	2012/1/1 4:47:56	0
61	Sat-5	sensor-5	2012/1/1 2:03:49	2012/1/1 2:03:57	0
62	Sat-4	sensor-4	2012/1/1 1:16:26	2012/1/1 1:16:33	0
63			没有时间窗口		
64	Sat-2	sensor-2	2012/1/1 3:44:57	2012/1/1 3:45:03	0
65	Sat-1	sensor-1	2012/1/1 2:16:01	2012/1/1 2:16:08	0
66	Sat-2	sensor-2	2012/1/1 4:54:45	2012/1/1 4:54:53	0
67	Sat-1	sensor-1	2012/1/1 5:41:52	2012/1/1 5:42:01	0
68			没有时间窗口		
69	Sat-2	sensor-2	2012/1/1 4:52:58	2012/1/1 4:53:06	0
70			没有时间窗口		
71			没有时间窗口		
72			没有时间窗口		
73			没有时间窗口		
74			没有时间窗口		
75			没有时间窗口		
76			没有时间窗口		
77			没有时间窗口		
78	Sat-2	sensor-2	2012/1/1 3:12:12	2012/1/1 3:12:21	0
79	Sat-2	sensor-2	2012/1/1 2:54:43	2012/1/1 2:54:53	0
80	Sat-2	sensor-2	2012/1/1 0:01:51	2012/1/1 0:02:00	0

目标	卫星	传感器	开始时间	结束时间	侧摆角度/(°)
81			没有时间窗口		
82			没有时间窗口		
83			没有时间窗口		
84	Sat-1	sensor-1	2012/1/1　3:32:15	2012/1/1　3:32:21	0
85	Sat-3	sensor-3	2012/1/1　3:36:51	2012/1/1　3:36:58	0
86	Sat-3	sensor-3	2012/1/1　3:37:08	2012/1/1　3:37:15	0
87	Sat-1	sensor-1	2012/1/1　3:32:28	2012/1/1　3:32:37	0
88			没有时间窗口		
89	Sat-3	sensor-3	2012/1/1　3:36:41	2012/1/1　3:36:49	0
90			资源冲突不能完成		
91	Sat-2	sensor-2	2012/1/1　5:06:30	2012/1/1　5:06:36	0
92			没有时间窗口		
93	Sat-5	sensor-5	2012/1/1　0:50:28	2012/1/1　0:50:33	0
94			没有时间窗口		
95			没有时间窗口		
96	Sat-4	sensor-4	2012/1/1　3:14:11	2012/1/1　3:14:18	0
97			没有时间窗口		
98			没有时间窗口		
99	Sat-5	sensor-5	2012/1/1　1:54:18	2012/1/1　1:54:28	0
100	Sat-2	Sensor-2	2012/1/1　1:54:07	2012/1/1　1:54:16	0

表 3-5　侧摆角度为 5°时的最终调度方案

目标	卫星	传感器	开始时间	结束时间	侧摆角度/(°)
1			没有时间窗口		
2			没有时间窗口		
3	Sat-5	sensor-5	2012/1/1　4:51:59	2012/1/1　4:52:05	0
4	Sat-2	sensor-2	2012/1/1　4:43:31	2012/1/1　4:43:38	0
5			资源冲突不能完成		

目标	卫星	传感器	开始时间	结束时间	侧摆角度/(°)
6	没有时间窗口				
7	没有时间窗口				
8	Sat-5	sensor-5	2012/1/1 1:56:23	2012/1/1 1:56:30	2.96411
9	Sat-2	sensor-2	2012/1/1 2:16:03	2012/1/1 2:16:09	0
10	没有时间窗口				
11	资源冲突不能完成				
12	没有时间窗口				
13	Sat-1	sensor-1	2012/1/1 2:12:55	2012/1/1 2:12:59	0
14	没有时间窗口				
15	没有时间窗口				
16	Sat-1	sensor-1	2012/1/1 5:52:00	2012/1/1 5:52:07	0
17	没有时间窗口				
18	没有时间窗口				
19	没有时间窗口				
20	Sat-4	sensor-4	2012/1/1 1:39:51	2012/1/1 1:40:00	0
21	Sat-4	sensor-4	2012/1/1 0:29:19	2012/1/1 0:29:27	0
22	Sat-2	sensor-2	2012/1/1 3:42:34	2012/1/1 3:42:41	0
23	Sat-5	sensor-5	2012/1/1 0:50:29	2012/1/1 0:50:35	4.33921
24	资源冲突不能完成				
25	Sat-5	sensor-5	2012/1/1 2:18:47	2012/1/1 2:18:54	0
26	没有时间窗口				
27	Sat-5	sensor-5	2012/1/1 3:36:12	2012/1/1 3:36:21	0
28	没有时间窗口				
29	Sat-1	sensor-1	2012/1/1 4:13:12	2012/1/1 4:13:20	0
30	没有时间窗口				
31	资源冲突不能完成				
32	Sat-2	sensor-2	2012/1/1 5:10:29	2012/1/1 5:10:34	0
33	Sat-1	sensor-1	2012/1/1 5:58:52	2012/1/1 5:58:57	0
34	没有时间窗口				
35	资源冲突不能完成				
36	没有时间窗口				
37	没有时间窗口				

目标	卫星	传感器	开始时间	结束时间	侧摆角度/(°)
38	Sat-1	sensor-1	2012/1/1 3:39:42	2012/1/1 3:39:51	0
39			资源冲突不能完成		
40			资源冲突不能完成		
41	Sat-1	sensor-1	2012/1/1 2:43:22	2012/1/1 2:43:30	0
42	Sat-2	sensor-2	2012/1/1 1:58:45	2012/1/1 1:58:52	0
43	Sat-2	sensor-2	2012/1/1 3:33:56	2012/1/1 3:34:02	0
44			没有时间窗口		
45			没有时间窗口		
46			没有时间窗口		
47			没有时间窗口		
48			没有时间窗口		
49	Sat-2	sensor-2	2012/1/1 5:22:48	2012/1/1 5:22:56	0
50			没有时间窗口		
51			没有时间窗口		
52			没有时间窗口		
53			没有时间窗口		
54	Sat-4	sensor-4	2012/1/1 2:55:54	2012-1-1 2:55:60	0
55			没有时间窗口		
56			没有时间窗口		
57			没有时间窗口		
58	Sat-3	sensor-3	2012/1/1 2:57:20	2012/1/1 2:57:29	0
59			资源冲突不能完成		
60	Sat-2	sensor-2	2012/1/1 0:03:38	2012/1/1 0:03:47	0
61	Sat-5	sensor-5	2012/1/1 2:03:29	2012/1/1 2:03:37	0
62	Sat-4	sensor-4	2012/1/1 1:16:27	2012/1/1 1:16:34	0
63			没有时间窗口		
64	Sat-2	sensor-2	2012/1/1 3:45:05	2012/1/1 3:45:11	0
65	Sat-1	sensor-1	2012/1/1 2:16:02	2012/1/1 2:16:09	0
66	Sat-2	sensor-2	2012/1/1 4:54:57	2012/1/1 4:55:05	0
67	Sat-1	sensor-1	2012/1/1 5:41:56	2012/1/1 5:42:05	0
68			没有时间窗口		
69	Sat-2	sensor-2	2012/1/1 4:52:36	2012/1/1 4:52:44	0

目标	卫星	传感器	开始时间	结束时间	侧摆角度/(°)
70			没有时间窗口		
71			没有时间窗口		
72			没有时间窗口		
73			没有时间窗口		
74			资源冲突不能完成		
75			没有时间窗口		
76			资源冲突不能完成		
77			没有时间窗口		
78	Sat-2	sensor-2	2012/1/1　3:12:04	2012/1/1　3:12:13	0
79	Sat-2	sensor-2	2012/1/1　2:54:26	2012/1/1　2:54:36	0
80	Sat-2	sensor-2	2012/1/1　0:01:37	2012/1/1　0:01:46	0
81			没有时间窗口		
82			资源冲突不能完成		
83			没有时间窗口		
84	Sat-1	sensor-1	2012/1/1　3:32:34	2012/1/1　3:32:40	0
85			资源冲突不能完成		
86	Sat-3	sensor-3	2012/1/1　3:37:03	2012/1/1　3:37:10	0
87	Sat-1	sensor-1	2012/1/1　3:32:09	2012/1/1　3:32:18	0
88	Sat-1	sensor-1	2012/1/1　3:32:22	2012/1/1　3:32:31	3.99544
89	Sat-3	sensor-3	2012/1/1　3:36:43	2012/1/1　3:36:51	0
90	Sat-3	sensor-3	2012/1/1　3:36:53	2012/1/1　3:37:00	0
91	Sat-2	sensor-2	2012/1/1　5:06:24	2012/1/1　5:06:30	0
92			没有时间窗口		
93	Sat-5	sensor-5	2012/1/1　0:50:20	2012/1/1　0:50:25	0
94			资源冲突不能完成		
95			没有时间窗口		
96	Sat-3	sensor-3	2012/1/1　0:58:08	2012/1/1　0:58:15	4.91217
97			没有时间窗口		
98			没有时间窗口		
99	Sat-5	sensor-5	2012/1/1　1:54:14	2012/1/1　1:54:24	0
100	Sat-2	sensor-2	2012/1/1　1:54:02	2012/1/1　1:54:11	0

表 3-6　侧摆角度为 10°时的最终调度方案

目标	卫星	传感器	开始时间	结束时间	侧摆角度/(°)
1			没有时间窗口		
2			没有时间窗口		
3	Sat-5	sensor-5	2012/1/1　4:52:06	2012/1/1　4:52:12	0
4	Sat-2	sensor-2	2012/1/1　4:43:31	2012/1/1　4:43:38	0
5	Sat-3	sensor-3	2012/1/1　3:36:54	2012/1/1　3:37:02	6.3293
6			没有时间窗口		
7			没有时间窗口		
8	Sat-5	sensor-5	2012/1/1　1:56:18	2012/1/1　1:56:25	6.3293
9	Sat-2	sensor-2	2012/1/1　2:16:26	2012/1/1　2:16:32	0
10			没有时间窗口		
11	Sat-2	sensor-2	2012/1/1　3:42:53	2012/1/1　3:42:57	8.16276
12			没有时间窗口		
13			资源冲突不能完成		
14			没有时间窗口		
15			没有时间窗口		
16	Sat-3	sensor-3	2012/1/1　5:46:07	2012/1/1　5:46:14	0
17			没有时间窗口		
18			没有时间窗口		
19			没有时间窗口		
20	Sat-4	sensor-4	2012/1/1　1:39:57	2012/1/1　1:40:06	0
21	Sat-4	sensor-4	2012/1/1　0:29:21	2012/1/1　0:29:29	0
22	Sat-2	sensor-2	2012/1/1　3:42:29	2012/1/1　3:42:36	0
23	Sat-5	sensor-5	2012/1/1　0:50:30	2012/1/1　0:50:36	4.49583
24	Sat-5	sensor-5	2012/1/1　0:39:41	2012/1/1　0:39:47	7.76169
25	Sat-5	sensor-5	2012/1/1　2:18:49	2012/1/1　2:18:56	0
26			没有时间窗口		
27	Sat-5	sensor-5	2012/1/1　3:36:14	2012/1/1　3:36:23	0
28			没有时间窗口		

目标	卫星	传感器	开始时间	结束时间	侧摆角度/(°)
29	Sat-3	sensor-3	2012/1/1　4:14:30	2012/1/1　4:14:38	0
30			资源冲突不能完成		
31	Sat-4	sensor-4	2012/1/1　3:04:20	2012/1/1　3:04:26	9.70975
32	Sat-2	sensor-2	2012/1/1　5:10:26	2012/1/1　5:10:31	0
33	Sat-1	sensor-1	2012/1/1　5:58:21	2012/1/1　5:58:26	0
34			没有时间窗口		
35	Sat-5	sensor-5	2012/1/1　5:14:26	2012/1/1　5:14:32	9.36597
36			没有时间窗口		
37			没有时间窗口		
38	Sat-1	sensor-1	2012/1/1　3:39:38	2012/1/1　3:39:47	0
39	Sat-1	sensor-1	2012/1/1　5:35:11	2012/1/1　5:35:21	9.36597
40	Sat-5	sensor-5	2012/1/1　3:32:59	2012/1/1　3:33:08	7.07414
41	Sat-1	sensor-1	2012/1/1　2:43:12	2012/1/1　2:43:20	0
42	Sat-2	sensor-2	2012/1/1　1:58:35	2012/1/1　1:58:42	0
43	Sat-2	sensor-2	2012/1/1　3:33:30	2012/1/1　3:33:36	0
44			没有时间窗口		
45			没有时间窗口		
46			资源冲突不能完成		
47			没有时间窗口		
48			没有时间窗口		
49	Sat-2	sensor-2	2012/1/1　5:22:16	2012/1/1　5:22:24	0
50			没有时间窗口		
51			没有时间窗口		
52			没有时间窗口		
53			没有时间窗口		
54	Sat-4	sensor-4	2012/1/1　2:55:53	2012/1/1　2:55:59	0
55			没有时间窗口		
56			资源冲突不能完成		
57			没有时间窗口		

目标	卫星	传感器	开始时间	结束时间	侧摆角度/(°)
58	Sat-3	sensor-3	2012/1/1　2:57:12	2012/1/1　2:57:21	0
59	资源冲突不能完成				
60	Sat-2	sensor-2	2012/1/1　0:03:34	2012/1/1　0:03:43	0
61	Sat-5	sensor-5	2012/1/1　2:03:03	2012/1/1　2:03:11	0
62	Sat-1	sensor-1	2012/1/1　2:46:07	2012/1/1　2:46:14	0
63	没有时间窗口				
64	Sat-2	sensor-2	2012/1/1　3:45:00	2012/1/1　3:45:06	0
65	Sat-1	sensor-1	2012/1/1　2:16:01	2012/1/1　2:16:08	0
66	Sat-2	sensor-2	2012/1/1　4:54:46	2012/1/1　4:54:54	0
67	Sat-1	sensor-1	2012/1/1　5:41:53	2012/1/1　5:42:02	0
68	没有时间窗口				
69	Sat-2	sensor-2	2012/1/1　4:52:43	2012/1/1　4:52:51	0
70	没有时间窗口				
71	资源冲突不能完成				
72	没有时间窗口				
73	没有时间窗口				
74	资源冲突不能完成				
75	资源冲突不能完成				
76	Sat-2	sensor-2	2012/1/1　4:46:16	2012/1/1　4:46:23	9.19409
77	没有时间窗口				
78	Sat-2	sensor-2	2012/1/1　3:11:43	2012/1/1　3:11:52	0
79	Sat-2	sensor-2	2012/1/1　2:54:21	2012/1/1　2:54:31	0
80	Sat-5	sensor-5	2012/1/1　0:02:52	2012/1/1　0:03:01	8.44924
81	没有时间窗口				
82	Sat-1	sensor-1	2012/1/1　2:19:08	2012/1/1　2:19:15	9.30868
83	资源冲突不能完成				
84	Sat-1	sensor-1	2012/1/1　3:32:35	2012/1/1　3:32:41	0
85	Sat-1	sensor-1	2012/1/1　3:32:23	2012/1/1　3:32:30	9.93893
86	Sat-2	sensor-2	2012/1/1　2:50:08	2012/1/1　2:50:15	9.93893

目标	卫星	传感器	开始时间	结束时间	侧摆角度/(°)
87	Sat-1	sensor-1	2012/1/1　3:32:08	2012/1/1　3:32:17	0
88	资源冲突不能完成				
89	Sat-3	sensor-3	2012/1/1　3:36:44	2012/1/1　3:36:52	0
90	Sat-2	sensor-2	2012/1/1　2:49:52	2012/1/1　2:49:59	9.07949
91	Sat-2	sensor-2	2012/1/1　5:06:24	2012/1/1　5:06:30	0
92	资源冲突不能完成				
93	Sat-5	sensor-5	2012/1/1　0:50:21	2012/1/1　0:50:26	0
94	Sat-5	sensor-5	2012/1/1　0:50:11	2012/1/1　0:50:17	7.76169
95	没有时间窗口				
96	Sat-2	sensor-2	2012/1/1　0:02:49	2012/1/1　0:02:56	0
97	Sat-2	sensor-2	2012/1/1　1:18:19	2012/1/1　1:18:27	9.25138
98	没有时间窗口				
99	Sat-5	sensor-5	2012/1/1　1:54:02	2012/1/1　1:54:12	0
100	Sat-2	sensor-2	2012/1/1　1:53:49	2012/1/1　1:53:58	0

2. 第二组实验测试

场景时间段：2012/1/1 00:00:00~2012/1/1/ 06:00:00。

算法：本组测试中，将三个目标函数看作等价关系，互不支配。因此采用多目标优化的方法进行优化。测试结果如表 3-7 所示。无侧摆时、最大侧摆角为 5° 时、最大侧摆角为 10°时的调度方案分别如表 3-8~表 3-10 所示。

表 3-7　测试结果（多目标方法）

侧视角度/(°)	0	5	10
无时间窗口任务数	58	43	35
因资源冲突无法完成任务数	1	13	11
完成任务数	41	44	54
收益值	2330	2490	3020
侧视角度和/(°)	0	17.6701	177.919
侧视次数	0	6	24
执行时间/s	702.723	1126.02	1702.2

表 3-8　侧摆角度为 0°时的最终调度方案

目标	卫星	传感器	开始时间	结束时间	侧摆角度/(°)
1			没有时间窗口		
2			没有时间窗口		
3	Sat-5	sensor-5	2012/1/1　4:51:43	2012/1/1　4:51:49	0
4	Sat-2	sensor-2	2012/1/1　4:43:27	2012/1/1　4:43:34	0
5			没有时间窗口		
6			没有时间窗口		
7			没有时间窗口		
8			没有时间窗口		
9	Sat-2	sensor-2	2012/1/1　2:15:51	2012/1/1　2:15:57	0
10			没有时间窗口		
11			没有时间窗口		
12			没有时间窗口		
13	Sat-1	sensor-1	2012/1/1　2:12:49	2012/1/1　2:12:53	0
14			没有时间窗口		
15			没有时间窗口		
16	Sat-1	sensor-1	2012/1/1　5:52:12	2012/1/1　5:52:19	0
17			没有时间窗口		
18			没有时间窗口		
19			没有时间窗口		
20	Sat-4	sensor-4	2012/1/1　1:39:46	2012/1/1　1:39:55	0
21	Sat-4	sensor-4	2012/1/1　0:29:09	2012/1/1　0:29:17	0
22	Sat-2	sensor-2	2012/1/1　3:42:25	2012/1/1　3:42:32	0
23			没有时间窗口		
24			没有时间窗口		
25	Sat-5	sensor-5	2012/1/1　2:18:47	2012/1/1　2:18:54	0
26			没有时间窗口		
27	Sat-5	sensor-5	2012/1/1　3:36:09	2012/1/1　3:36:18	0
28			没有时间窗口		
29	Sat-1	sensor-1	2012/1/1　4:12:52	2012/1/1　4:13:00	0
30			没有时间窗口		
31			没有时间窗口		
32	Sat-2	sensor-2	2012/1/1　5:09:52	2012/1/1　5:09:57	0
33	Sat-1	sensor-1	2012/1/1　5:58:23	2012/1/1　5:58:28	0

目标	卫星	传感器	开始时间	结束时间	侧摆角度/(°)
34			没有时间窗口		
35			没有时间窗口		
36			没有时间窗口		
37			没有时间窗口		
38	Sat-1	sensor-1	2012/1/1 3:39:52	2012/1/1 3:40:01	0
39			没有时间窗口		
40			没有时间窗口		
41	Sat-1	sensor-1	2012/1/1 2:42:59	2012/1/1 2:43:07	0
42	Sat-2	sensor-2	2012/1/1 1:58:36	2012/1/1 1:58:43	0
43	Sat-2	sensor-2	2012/1/1 3:33:31	2012/1/1 3:33:37	0
44			没有时间窗口		
45			没有时间窗口		
46			没有时间窗口		
47			没有时间窗口		
48			没有时间窗口		
49	Sat-2	sensor-2	2012/1/1 5:22:18	2012/1/1 5:22:26	0
50			没有时间窗口		
51			没有时间窗口		
52			没有时间窗口		
53			没有时间窗口		
54	Sat-4	sensor-4	2012/1/1 2:55:45	2012/1/1 2:55:51	0
55			没有时间窗口		
56			没有时间窗口		
57			没有时间窗口		
58	Sat-3	sensor-3	2012/1/1 2:57:10	2012/1/1 2:57:19	0
59			没有时间窗口		
60	Sat-5	sensor-5	2012/1/1 0:05:37	2012/1/1 0:05:46	0
61	Sat-5	sensor-5	2012/1/1 2:03:00	2012/1/1 2:03:08	0
62	Sat-1	sensor-1	2012/1/1 2:46:07	2012/1/1 2:46:14	0
63			没有时间窗口		
64	Sat-2	sensor-2	2012/1/1 3:44:55	2012/1/1 3:45:01	0
65	Sat-1	sensor-1	2012/1/1 2:16:00	2012/1/1 2:16:07	0
66	Sat-2	sensor-2	2012/1/1 4:54:43	2012/1/1 4:54:51	0
67	Sat-1	sensor-1	2012/1/1 5:41:51	2012-1-1 5:41:60	0
68			没有时间窗口		

目标	卫星	传感器	开始时间	结束时间	侧摆角度/(°)
69	Sat-2	sensor-2	2012/1/1 4:52:31	2012/1/1 4:52:39	0
70			没有时间窗口		
71			没有时间窗口		
72			没有时间窗口		
73			没有时间窗口		
74			没有时间窗口		
75			没有时间窗口		
76			没有时间窗口		
77			没有时间窗口		
78	Sat-2	sensor-2	2012/1/1 3:11:37	2012/1/1 3:11:46	0
79	Sat-2	sensor-2	2012/1/1 2:54:00	2012/1/1 2:54:10	0
80	Sat-2	sensor-2	2012/1/1 0:01:08	2012/1/1 0:01:17	0
81			没有时间窗口		
82			没有时间窗口		
83			没有时间窗口		
84	Sat-1	sensor-1	2012/1/1 3:32:31	2012/1/1 3:32:37	0
85	Sat-3	sensor-3	2012/1/1 3:36:59	2012/1/1 3:37:06	0
86			资源冲突不能完成		
87	Sat-1	sensor-1	2012/1/1 3:32:08	2012/1/1 3:32:17	0
88			没有时间窗口		
89	Sat-3	sensor-3	2012/1/1 3:36:49	2012/1/1 3:36:57	0
90	Sat-3	sensor-3	2012/1/1 3:36:39	2012/1/1 3:36:46	0
91	Sat-1	sensor-1	2012/1/1 5:51:52	2012/1/1 5:51:58	0
92			没有时间窗口		
93	Sat-5	sensor-5	2012/1/1 0:50:14	2012/1/1 0:50:19	0
94			没有时间窗口		
95			没有时间窗口		
96	Sat-2	sensor-2	2012/1/1 0:02:28	2012/1/1 0:02:35	0
97			没有时间窗口		
98			没有时间窗口		
99	Sat-5	sensor-5	2012/1/1 1:53:44	2012/1/1 1:53:54	0
100	Sat-2	sensor-2	2012/1/1 1:53:28	2012/1/1 1:53:37	0

表 3-9 侧摆角度为 5°时的最终调度方案

目标	卫星	传感器	开始时间	结束时间	侧摆角度/(°)
1	没有时间窗口				
2	没有时间窗口				
3	Sat-5	sensor-5	2012/1/1 4:52:03	2012/1/1 4:52:09	0
4	Sat-2	sensor-2	2012/1/1 4:43:31	2012/1/1 4:43:38	0
5	资源冲突不能完成				
6	没有时间窗口				
7	没有时间窗口				
8	Sat-5	sensor-5	2012/1/1 1:56:23	2012/1/1 1:56:30	2.27656
9	Sat-2	sensor-2	2012/1/1 2:16:02	2012/1/1 2:16:08	0
10	没有时间窗口				
11	资源冲突不能完成				
12	没有时间窗口				
13	Sat-1	sensor-1	2012/1/1 2:12:58	2012/1/1 2:13:02	0
14	没有时间窗口				
15	没有时间窗口				
16	Sat-3	sensor-3	2012/1/1 5:46:01	2012/1/1 5:46:08	0
17	没有时间窗口				
18	没有时间窗口				
19	没有时间窗口				
20	Sat-4	sensor-4	2012/1/1 1:39:52	2012/1/1 1:40:01	0
21	Sat-4	sensor-4	2012/1/1 0:29:13	2012/1/1 0:29:21	0
22	Sat-2	sensor-2	2012/1/1 3:42:52	2012/1/1 3:42:59	0
23	Sat-5	sensor-5	2012/1/1 0:50:29	2012/1/1 0:50:35	3.47978
24	资源冲突不能完成				
25	Sat-5	sensor-5	2012/1/1 2:19:03	2012/1/1 2:19:10	0
26	没有时间窗口				

续表

目标	卫星	传感器	开始时间	结束时间	侧摆角度/(°)
27	Sat-5	sensor-5	2012/1/1 3:36:19	2012/1/1 3:36:28	0
28			没有时间窗口		
29	Sat-2	sensor-2	2012/1/1 3:29:51	2012/1/1 3:29:59	0
30			没有时间窗口		
31			资源冲突不能完成		
32	Sat-2	sensor-2	2012/1/1 5:10:26	2012/1/1 5:10:31	0
33	Sat-1	sensor-1	2012/1/1 5:58:50	2012/1/1 5:58:55	0
34			没有时间窗口		
35			资源冲突不能完成		
36			没有时间窗口		
37			没有时间窗口		
38	Sat-1	sensor-1	2012/1/1 3:39:47	2012/1/1 3:39:56	0
39			资源冲突不能完成		
40			资源冲突不能完成		
41	Sat-1	sensor-1	2012/1/1 2:43:17	2012/1/1 2:43:25	0
42	Sat-2	sensor-2	2012/1/1 1:58:50	2012/1/1 1:58:57	0
43	Sat-2	sensor-2	2012/1/1 3:33:44	2012/1/1 3:33:50	0
44			没有时间窗口		
45			没有时间窗口		
46			没有时间窗口		
47			没有时间窗口		
48			没有时间窗口		
49	Sat-2	sensor-2	2012/1/1 5:22:31	2012/1/1 5:22:39	0
50			没有时间窗口		
51			没有时间窗口		
52			没有时间窗口		
53			没有时间窗口		

目标	卫星	传感器	开始时间	结束时间	侧摆角度/(°)
54	Sat-4	sensor-4	2012/1/1　2:55:49	2012/1/1　2:55:55	0
55			没有时间窗口		
56			没有时间窗口		
57			没有时间窗口		
58	Sat-3	sensor-3	2012/1/1　2:57:12	2012/1/1　2:57:21	0
59			资源冲突不能完成		
60	Sat-4	sensor-4	2012/1/1　4:47:37	2012/1/1　4:47:46	0
61	Sat-5	sensor-5	2012/1/1　2:03:13	2012/1/1　2:03:21	0
62	Sat-1	sensor-1	2012/1/1　2:46:11	2012/1/1　2:46:18	0
63			没有时间窗口		
64	Sat-2	sensor-2	2012/1/1　3:45:09	2012/1/1　3:45:15	0
65	Sat-1	sensor-1	2012/1/1　2:16:03	2012/1/1　2:16:10	0
66	Sat-2	sensor-2	2012/1/1　4:54:57	2012/1/1　4:55:05	0
67	Sat-1	sensor-1	2012-1-1　5:41:60	2012/1/1　5:42:09	0
68			没有时间窗口		
69	Sat-2	sensor-2	2012/1/1　4:52:39	2012/1/1　4:52:47	0
70			没有时间窗口		
71			没有时间窗口		
72			没有时间窗口		
73			没有时间窗口		
74			资源冲突不能完成		
75			没有时间窗口		
76			资源冲突不能完成		
77			没有时间窗口		
78	Sat-4	sensor-4	2012/1/1　3:21:43	2012/1/1　3:21:52	0
79	Sat-2	sensor-2	2012/1/1　2:54:37	2012/1/1　2:54:47	0
80	Sat-2	sensor-2	2012/1/1　0:01:39	2012/1/1　0:01:48	0

目标	卫星	传感器	开始时间	结束时间	侧摆角度/(°)
81	没有时间窗口				
82	资源冲突不能完成				
83	没有时间窗口				
84	Sat-1	sensor-1	2012/1/1　3:32:34	2012/1/1　3:32:40	0
85	Sat-3	sensor-3	2012/1/1　3:36:57	2012/1/1　3:37:04	0
86	Sat-3	sensor-3	2012/1/1　3:37:10	2012/1/1　3:37:17	0
87	Sat-1	sensor-1	2012/1/1　3:32:09	2012/1/1　3:32:18	0
88	Sat-1	sensor-1	2012/1/1　3:32:20	2012/1/1　3:32:29	3.0787
89	资源冲突不能完成				
90	Sat-3	sensor-3	2012/1/1　3:36:46	2012/1/1　3:36:53	0
91	Sat-3	sensor-3	2012/1/1　5:46:10	2012/1/1　5:46:16	0
92	没有时间窗口				
93	Sat-5	sensor-5	2012/1/1　0:50:17	2012/1/1　0:50:22	0
94	资源冲突不能完成				
95	没有时间窗口				
96	Sat-4	sensor-4	2012/1/1　3:13:54	2012/1/1　3:14:01	0
97	没有时间窗口				
98	没有时间窗口				
99	Sat-5	sensor-5	2012/1/1　1:53:50	2012/1/1　1:54:00	0
100	Sat-2	sensor-2	2012/1/1　1:53:35	2012/1/1　1:53:44	0

表 3-10　侧摆角度为 10°时的最终调度方案

目标	卫星	传感器	开始时间	结束时间	侧摆角度/(°)
1	没有时间窗口				
2	没有时间窗口				
3	Sat-5	sensor-5	2012/1/1　4:52:05	2012/1/1　4:52:11	0
4	Sat-2	sensor-2	2012/1/1　4:43:32	2012/1/1　4:43:39	0

目标	卫星	传感器	开始时间	结束时间	侧摆角度/(°)
5	Sat-3	sensor-3	2012/1/1 3:36:51	2012/1/1 3:36:59	4.66772
6			没有时间窗口		
7			没有时间窗口		
8	Sat-5	sensor-5	2012/1/1 1:56:21	2012/1/1 1:56:28	1.86023
9	Sat-2	sensor-2	2012/1/1 2:16:25	2012/1/1 2:16:31	0
10			没有时间窗口		
11	Sat-2	sensor-2	2012/1/1 3:42:54	2012/1/1 3:42:58	8.62113
12			没有时间窗口		
13	Sat-1	sensor-1	2012/1/1 2:13:23	2012/1/1 2:13:27	0
14			没有时间窗口		
15			没有时间窗口		
16	Sat-2	sensor-2	2012/1/1 5:06:27	2012/1/1 5:06:34	0
17			没有时间窗口		
18			没有时间窗口		
19			没有时间窗口		
20	Sat-4	sensor-4	2012/1/1 1:39:50	2012/1/1 1:39:59	0
21	Sat-4	sensor-4	2012/1/1 0:29:14	2012/1/1 0:29:22	0
22	Sat-2	sensor-2	2012/1/1 3:42:36	2012/1/1 3:42:43	0
23	Sat-5	sensor-5	2012/1/1 0:50:34	2012/1/1 0:50:40	7.81899
24	Sat-5	sensor-5	2012/1/1 0:39:42	2012/1/1 0:39:48	7.53251
25	Sat-5	sensor-5	2012/1/1 2:18:54	2012/1/1 2:19:01	0
26			没有时间窗口		
27	Sat-5	sensor-5	2012/1/1 3:36:14	2012/1/1 3:36:23	0
28			没有时间窗口		
29	Sat-2	sensor-2	2012/1/1 3:29:40	2012/1/1 3:29:48	0
30			资源冲突不能完成		
31	Sat-4	sensor-4	2012/1/1 3:04:19	2012/1/1 3:04:25	9.48057
32	Sat-2	sensor-2	2012/1/1 5:10:06	2012/1/1 5:10:11	0

目标	卫星	传感器	开始时间	结束时间	侧摆角度/(°)
33	Sat-1	sensor-1	2012/1/1　5:58:34	2012/1/1　5:58:39	0
34			没有时间窗口		
35	Sat-5	sensor-5	2012/1/1　5:14:18	2012/1/1　5:14:24	9.48057
36			没有时间窗口		
37			没有时间窗口		
38	Sat-1	sensor-1	2012/1/1　3:39:47	2012/1/1　3:39:56	0
39	Sat-1	sensor-1	2012/1/1　5:35:10	2012/1/1　5:35:20	9.48057
40	Sat-5	sensor-5	2012/1/1　3:32:52	2012/1/1　3:33:01	9.48057
41	Sat-1	sensor-1	2012/1/1　2:43:10	2012/1/1　2:43:18	0
42	Sat-2	sensor-2	2012/1/1　1:58:51	2012/1/1　1:58:58	0
43	Sat-2	sensor-2	2012/1/1　3:33:45	2012/1/1　3:33:51	0
44			没有时间窗口		
45			没有时间窗口		
46			资源冲突不能完成		
47			没有时间窗口		
48			没有时间窗口		
49	Sat-2	sensor-2	2012/1/1　5:22:56	2012/1/1　5:23:04	0
50			没有时间窗口		
51			没有时间窗口		
52			没有时间窗口		
53			没有时间窗口		
54	Sat-4	sensor-4	2012/1/1　2:55:54	2012/1/1　2:56:00	0
55			没有时间窗口		
56			资源冲突不能完成		
57			没有时间窗口		
58	Sat-3	sensor-3	2012/1/1　2:57:13	2012/1/1　2:57:22	0
59			资源冲突不能完成		
60	Sat-5	sensor-5	2012/1/1　0:05:32	2012/1/1　0:05:41	0

目标	卫星	传感器	开始时间	结束时间	侧摆角度/(°)
61	Sat-5	sensor-5	2012/1/1 2:03:42	2012/1/1 2:03:50	0
62	Sat-1	sensor-1	2012/1/1 2:46:19	2012/1/1 2:46:26	0
63	没有时间窗口				
64	Sat-2	sensor-2	2012/1/1 3:45:39	2012/1/1 3:45:45	0
65	Sat-1	sensor-1	2012/1/1 2:16:09	2012/1/1 2:16:16	0
66	Sat-2	sensor-2	2012/1/1 4:55:28	2012/1/1 4:55:36	0
67	Sat-1	sensor-1	2012/1/1 5:42:19	2012/1/1 5:42:28	0
68	没有时间窗口				
69	Sat-2	sensor-2	2012/1/1 4:52:56	2012/1/1 4:53:04	0
70	没有时间窗口				
71	资源冲突不能完成				
72	没有时间窗口				
73	没有时间窗口				
74	Sat-4	sensor-4	2012/1/1 4:59:04	2012/1/1 4:59:10	7.01685
75	资源冲突不能完成				
76	Sat-2	sensor-2	2012/1/1 4:46:19	2012/1/1 4:46:26	9.82434
77	没有时间窗口				
78	Sat-2	sensor-2	2012/1/1 3:11:48	2012/1/1 3:11:57	0
79	Sat-2	sensor-2	2012/1/1 2:54:22	2012/1/1 2:54:32	0
80	Sat-2	sensor-2	2012/1/1 0:01:29	2012/1/1 0:01:38	0
81	没有时间窗口				
82	资源冲突不能完成				
83	资源冲突不能完成				
84	Sat-1	sensor-1	2012/1/1 3:32:33	2012/1/1 3:32:39	0
85	Sat-1	sensor-1	2012/1/1 3:32:23	2012/1/1 3:32:30	9.93893
86	Sat-3	sensor-3	2012/1/1 3:37:01	2012/1/1 3:37:08	0
87	Sat-1	sensor-1	2012/1/1 3:32:09	2012/1/1 3:32:18	0
88	资源冲突不能完成				

目标	卫星	传感器	开始时间		结束时间		侧摆角度/(°)
89	资源冲突不能完成						
90	Sat-3	sensor-3	2012/1/1	3:36:40	2012/1/1	3:36:47	0
91	Sat-1	sensor-1	2012/1/1	5:52:01	2012/1/1	5:52:07	0
92	资源冲突不能完成						
93	Sat-5	sensor-5	2012/1/1	0:50:22	2012/1/1	0:50:27	0
94	Sat-5	sensor-5	2012/1/1	0:50:14	2012/1/1	0:50:20	6.90225
95	没有时间窗口						
96	Sat-2	sensor-2	2012/1/1	0:03:11	2012/1/1	0:03:18	0
97	Sat-2	sensor-2	2012/1/1	1:18:17	2012/1/1	1:18:25	9.0222
98	没有时间窗口						
99	Sat-5	sensor-5	2012/1/1	1:54:20	2012/1/1	1:54:30	0
100	Sat-2	sensor-2	2012/1/1	1:53:58	2012/1/1	1:54:07	0

　　针对实验一和实验二，理论上分析，实验一中，任务的收益值结果会比较理想，但侧摆角度和与侧摆次数则会相对次一些。但通过反复多次的实验测试，从实验测试结果表 3-3 和表 3-7 对比看来，整体的调度方案收益值差不多，采用第一种方案中的遗传算法求解的收益值并没有很大的优势，但采用多目标算法求解的侧摆角度和和侧摆次数会有一定的优势。从表 3-4~表 3-6 及表 3-8~表 3-10 中的结果可以看出，允许适当的侧摆角度，可以明显提高卫星载荷对点目标的覆盖数目，以及减少表中无时间窗口任务数，但存在时间窗口的任务数的提高，会增加任务之间的冲突度，增加整体调度方案的难度，但最终的调度方案显示，整体的完成任务数提高不少，收益也相应增加。

参 考 文 献

宋志明. 2015. 星座对地覆盖问题的形式化体系构建与求解算法研究. 武汉: 中国地质大学博士学位论文
宋志明, 戴光明, 王茂才, 等. 2014a.卫星星座对地面目标的连续性覆盖分析. 华中科技大学学报(自然科学版), 42(8):33-37
宋志明, 戴光明, 王茂才, 等. 2014b.卫星对区域目标的时间窗口快速计算方法. 计算机仿真, 31(9): 61-66
宋志明, 戴光明, 王茂才, 等. 2015. 卫星对地面目标时间窗口快速预报算法. 现代防御技术, 43(1): 87-93
王茂才, 程格, 戴光明, 等. 2013. 基于演化算法的带侧摆多星点目标调度算法. 计算机应用, 33(11):3144-3148

第4章 区域目标调度问题优化设计

在本章中,将详细阐述区域调度中一系列相关问题。对区域调度问题求解步骤进行分析,然后对其进行数学描述,并详细阐述在求解过程中所遇到的一系列相关问题。本章最后提出两种基本模型,即参数优化模型和多背包模型,然后用遗传算法对这两种模型进行求解。

4.1 区域调度问题求解步骤

参数优化模型是一种常见的优化模型,该模型主要方法是将各种复杂的具体问题转换为对该问题基本参数优化的问题。对于卫星调度问题,其主要的复杂之处在于约束众多与遥感器侧摆角度的不同会对区域目标覆盖率造成很大影响。在参数优化模型中,对于约束的处理,首先是采用通过预处理过程去掉一些约束,然后对于计算过程中的约束问题,采用鸵鸟算法,即不避免冲突的产生,当出现冲突时来解决冲突。在参数优化模型中,将每个时间窗口遥感器的侧摆角度作为要优化的参数来进行优化。

以参数优化模型来解决区域目标的调度问题的基本思路是将遥感器对区域目标的覆盖问题转换为参数优化的问题。该模型不需要观测活动构造。下面将对以参数优化模型处理调度问题的过程进行阐述。

对于区域目标参数优化调度模型的求解,可以分为前期处理阶段、优化阶段和结果处理三个阶段,下面分别对这三个阶段进行阐述(Wang et al.,2012)。

4.1.1 前期处理阶段

前期处理阶段包括任务预处理阶段和前期计算阶段。

对参数优化调度模型的预处理首先是根据遥感器和目标的相关约束,为每个区域目标筛选出相关的候选资源,然后为每个区域目标的每个候选资源计算时间窗口,同时,计算在每个时间窗口下对应的遥感器最大最小侧摆角度范围当做优化的参数,去除不合要求的时间窗口,去除没有时间窗口的任务。

4.1.2 优化阶段

对于参数优化模型,是指在一个系统中,有许多要决策的参数,不同的参数对应不同的目标函数值，通过不断地调整这些参数，以找到最优的目标函数值。在该问题中，要优化的参数首先是某个时间窗口是否选择，如果某个时间窗口被选择，其侧摆角度的大小也就被确定，将任务开始时间也作为一个参数来进行优化。采用某种算法对这些参数不断迭代，直至达到结束条件位置。

4.1.3 结果处理

通过经参数优化阶段不断迭代 N 次后算法终止，得到最优解，然后计算该解中每个时间窗口对覆盖率的影响大小，如果去除一个时间窗口后覆盖率仍然不变，则去除该时间窗口，最终得到一个最优调度方案。

4.2 区域调度问题数学描述

在本小节中将对区域调度参数优化模型进行数学描述。本节将定义在参数优化模型中用到的符号进行定义，同时将参数优化模型用定义的符号进行描述。

4.2.1 符号定义

1. 集合

R：区域目标的集合，$R = \{1, 2, \cdots, v\}$，其中，v 为区域目标的总数。

S：所有资源的集合，$S = \{1, 2, \cdots, s\}$，其中，s 为资源总数。

E_r：区域目标中特征点的集合，$E_r = \{e_r^1, e_r^2, \cdots, e_r^{n_r}\}$。其中，$e_r^i$ 是区域目标 r 中的一个特征点，$e_r^i \in r$。n_r 为区域目标 r 中的特征点总数。对于区域目标的划分规则，将在下一节中详细阐述。

C_r：区域目标特征点集合对应的覆盖值，$C_r = \{c_r^1, c_r^2, \cdots, c_r^{n_r}\}$，$r \in R$，对于 $\forall c_r^i \in C_r$，都 $\exists e_r^i \in E_r$ 与之对应，c_r^i 表示在整个调度过程中区域中特征点 e_r^i 的覆盖值。

Z_r：区域目标特征点覆盖状况的集合，$Z_r = \{z_r^1, z_r^2, \cdots, z_r^{n_r}\}$，$r \in R$，对于 $\forall z_r^i \in Z_r$，都有 $\exists e_r^i \in E_r$ 与之对应，z_r^i 表示在整个调度过程中区域中特征点 e_r^i 的覆盖状态，它的值计算由 C_r 得出，若 $c_r^i = 0$，则 $z_r^i = 0$，表示在调度过程中该特征点没有被覆盖，若 $c_r^i \neq 0$，则 $z_r^i = 1$，表示该特征点在调度过程中被覆盖。

TW_r：在整个调度过程中区域目标 r 所对应的时间窗口的集合，$TW_r = \{tw_r^1, tw_r^2, \cdots, tw_r^{r_k}\}$，$r \in R$，其中，$r_k$ 为在调度周期内区域目标 r 所对应的时间窗口的数目，对于 $tw_r^i = [ts_r^i, te_r^i]$，其中 ts_r^i 表示时间窗口的开始时刻，te_r^i 表

示时间窗口的结束时刻。

J_r^i：区域目标 r 的第 i 个时间窗口划分的活动集合，$J_r^i = \{J_r^{i,1}, J_r^{i,2}, \cdots, J_r^{i,k_i}\}$。

2. 参数

r_k：区域目标 r 对应的时间窗口总数。

cov_{Z_r}：区域目标 r 对应的特征点覆盖状况的集合中为 1 的点的个数，即特征点空间中被覆盖的点的总数。

w_r：区域目标 r 的优先级。

value_r：区域目标 r 的最大回报值，$\text{value}_r > 0$。本书中采用线性回报函数，即回报值大小与区域覆盖率呈正比关系。

res_r^i：完成时间窗口 tw_r^i 的资源，同时也是完成活动集合 $J_r^i = \{J_r^{i,1}, J_r^{i,2}, \cdots, J_r^{i,k_i}\}$ 的资源，$\text{res}_r^i \in S$。

trans：资源完成一个任务后必须经历的重新设置平台状态所需要的时间。

angRan_r^i：区域 r 的第 i 个时间窗口下对应的遥感器过境时侧摆角度范围，$\text{angRan}_r^i = [\text{minangle}_r^i, \text{maxangle}_r^i]$，其中，$\text{minangle}_r^i$ 表示该时间窗口下最小侧摆角度，maxangle_r^i 表示该时间窗口下最大侧摆角度。

$tR_{r,i}^{\text{angle}}$：区域 r 的第 i 个时间窗口下遥感器过境时以 angle 角度侧摆对应的执行时间范围，$tR_{r,i}^{\text{angle}} = [ts_{r,i}^{\text{angle}}, te_{r,i}^{\text{angle}}]$，其中，$ts_{r,i}^{\text{angle}}$ 表示执行时间的开始时刻，$te_{r,i}^{\text{angle}}$ 表示执行时间的结束时刻。$tR_{r,i}^{\text{angle}} \subset tw_r^i$。

$t\text{During}_{r,i}^{\text{angle}}$：$t\text{During}_{r,i}^{\text{angle}} = te_{r,i}^{\text{angle}} - ts_{r,i}^{\text{angle}}$，表示 $tR_{r,i}^{\text{angle}}$ 的持续时间。

count_r：区域目标 r 中特征点总数。

3. 决策变量

angle_r^i：区域 r 的第 i 个时间窗口下对应遥感器过境时侧摆角度，不同的侧摆角度会覆盖区域的不同范围。本章所谓的参数优化模型中，该参数是最重要的优化参数。

select_r^i：是否选择区域 r 的第 i 个时间窗口覆盖。由于优化过程中冲突与约束的存在，并不是每个时间窗口都要选择，该参数也作为要优化的参数。

4.2.2　目标函数

区域目标的调度问题是一个分级多目标优化问题，所谓分级多目标优化问题，是指该问题有多个目标，但不同于传统多目标优化问题的是，该问题的多个优化目标之间并不是等优先级的，在分级多目标优化问题中将优先对高优先级的目标进行优化，只有当高优先级的目标值达到最大时，在不降低高优先级目标的基础上优化低优先级的目标。对于区域目标的调度问题，主要有两个优化目标，即最大化整体收益与最小化观测成本。第一个目标最大化整体收益是使在该次观测调度周期中使该次观测收益值达到最大，由于每个区域的收益与该区域的优先级、最大回报值，以及对该区域的覆盖率相关，因此该目标的导向是尽量扩大对区域的观测面积，优先完成高回报高优先级的任务。第二个目标是最小化观测成本。该目标是指在不影响前一个目标的基础上尽量减少卫星上资源的消耗。在观测中可能有多个调度方案，其整体收益值是相同的，但可能某些方案中存在一些时间窗口完成其对应的活动对整体覆盖率没有增加，这样的时间窗口的分配会浪费宝贵的卫星资源，降低遥感器的工作效率：

$$\max \sum_{r=1}^{v} \frac{\text{value}_r \times w_r \times \text{cov}_{z_r}}{\text{count}_r} \tag{4-1}$$

$$\min \sum_{r=1}^{v} \sum_{i=1}^{r_k} (\text{select}_r^i \times t\text{During}_{r,i}^{\text{angle}}) \tag{4-2}$$

4.3　区域调度问题求解模型

在前几个小节中，已经给出区域调度问题的基本求解步骤和数学描述。为对区域调度问题进行求解，需要将该问题转换为响应的模型进行求解。在本书中，将采用两种模型对区域调度问题进行求解，即参数优化模型和改进的参数优化模型。

由前面已经阐述的内容可知，区域调度问题求解的难点，首先，它是一个复杂的约束优化问题，各种各样复杂的约束对问题的求解造成了很多阻碍，这些约束主要分为限制性约束和冲突性约束，限制性约束主要是指如遥感器与目标点的分辨率、图像类型等属性相关约束，冲突性约束是与卫星与资源是单能力资源相关的约束，如资源使用时间冲突等。对于大部分限制性约束，可以在预处理阶段对其进行处理，最终转换为满足限制性约束的一系列时间窗口。该约束实际上与区域调度问题求解过程关系并不大，而冲突性约束是与具体调度相关的，其不能在预处理阶段解决，这是区域调度求解过程中需要考虑的主要约束。其次，相比点目标调度问题，区域目标调度问题更加复杂，因为区域目标是一个有大小的目标，遥感器对地面区域进行覆盖时往往只能对区域的一部分进行覆盖，对于一个时间窗口，遥感器可以以不同的侧摆角度经过该时间窗口，根据遥感器侧摆角度的不同，会对区域的不同的部分进行覆盖。

4.3.1 参数优化模型

所谓参数优化问题，是指对于函数 $f = f(a_1, a_2, \cdots, a_n)$ ，$a_1, a_2, \cdots, a_n$ 为该函数参数，每组不同的参数组合对应不同的函数值，对于其中任意参数 a_i ，其取值范围为 $D(a_i)$ ，则该函数决策空间为 $D(a_1) \times D(a_2) \times \cdots \times D(a_n)$ ，参数优化问题就是在决策空间中找到一组参数组合 $(e_1, e_2, \cdots, e_n) \in D(a_1) \times D(a_2) \times \cdots \times D(a_n)$ ，使得 $\forall (b_1, b_2, \cdots, b_n) \in D(a_1) \times D(a_2) \times \cdots \times D(a_n)$ ，都有 $f(e_1, e_2, \cdots, e_n) \geqslant f(b_1, b_2, \cdots, b_n)$ 。

本书建立的参数优化模型中，主要是对每个时间窗口下遥感器过境时的侧摆角度进行计算。对于区域目标 r 的一个时间窗口 tw_r^i ，$tw_r^i = [ts_r^i, te_r^i]$ ，对该时间窗口进行覆盖的遥感器为 res_r^i ，根据该遥感器视场角、侧摆角度范围和区域的面积，可以计算遥感器在该次时间窗口下的最大侧摆角度和最小侧摆角度，$angRan_r^i = [minangle_r^i, maxangle_r^i]$ ，具体计算方法将会在下一节中阐述，以同样的方法对每个时间窗口下遥感器侧摆角度范围进行计算。每个时间窗口下遥感器侧摆角度大小即为参数优化模型要优化的参数。

相比点目标调度问题每个目标只需要一个时间窗口而言，区域目标调度问题每个区域目标需要若干个时间窗口，但并不是一定要选择所有的时间窗口，可约束及相关策略有选择的选择一部分时间窗口。

对于有冲突的调度方案对应的解称之为非可行解，对于非可行解处理，在算法中并不直接排除该解，主要采用两种策略处理：第一种是将其与可行解等同对待，只是在该解的评价函数中给以较大的罚函数值；第二种是找到该解中的所有冲突的时间窗口，然后消除冲突得到可行解，即不选择某些时间窗口。在后续算法中可以看到，两种策略可同时采用。

在上一节中讨论，对于区域调度问题，本书采用两个目标作为调度目标，最大化整体收益和最小资源消耗，在上一节中也已经阐述，这是一个分级多目标优化问题，在整个参数优化过程中，只需要考虑第一个目标即可，当最后结果处理阶段时，考虑第二个目标。

4.3.2 改进的参数优化模型

参数优化模型简单，但其中存在一个比较大的缺陷就是，其要优化的参数是每个资源过境时的侧摆角度，由于侧摆角度可以为 $angRan_r^i = [minangle_r^i, maxangle_r^i]$

的任意值，因此其求解空间非常巨大，对于规模巨大的问题其求解速度较慢。

所谓多背包模型，是指存在多个背包$(b_1, b_2, \ldots b_n)$，不同于传统背包，对每个背包 b_i，其没有容量的限制，只有个数的限制，每个背包只能装一个物品，该物品的收益值可能受其他背包中物品的影响，对于背包 b_i，其取值范围为$\{b_i^1, b_i^2, \cdots, b_i^{ik}\}$，对于某个取值 b_i^j，该背包收益为 $f_i(b_i^j)$，则对于一组取值$(b_1^{li}, b_2^{2i}, \cdots, b_n^{ni})$，其收益为 $f(f_1(b_1^{li}), f_2(b_2^{2i}), \cdots, f_n(b_n^{ni}))$。

由上述描述可知，该多背包模型也是一种参数优化模型，不过每个参数的取值为整数。

对于多背包模型处理区域调度问题，本书以活动作为调度的最小单位。对于一时间窗口 tw_r^i，$tw_r^i = [ts_r^i, te_r^i]$，该时间窗口下遥感器对区域有一定的覆盖范围，然后按照某种规则将该时间窗口划分为多个活动 $(J_r^{i,1}, J_r^{i,2}, \cdots, J_r^{i,k})$，然后在求解过程中，如果在该时间窗口下有覆盖，则选择一个活动 $J_r^{i,j}$ 来完成该活动。对于活动的划分规则将在本章后续章节内阐述。

4.4　区域调度中的关键问题

4.4.1　区域目标网格划分

对于区域调度问题，覆盖率是一个很重要的指标。对于点目标的调度问题，因为点目标没有大小，因此点目标要么被遥感器覆盖，要么不被遥感器覆盖，而对于区域目标的调度问题，很多情况下遥感器只能对区域的一部分进行覆盖，因此需要计算区域目标的覆盖率。首先定于区域目标的覆盖率：对于一个区域目标，它的覆盖率是指在其调度周期内，其被覆盖的面积与其总面积之比。根据此区域目标覆盖率的定义可知，如果在调度周期内有多个遥感器对同一区域进行重复覆盖，相比一次覆盖而言，该区域的覆盖率并没有增加，也就是说，重复覆盖不能增加收益。在后面将详述区域调度的两个目标函数可知，重复覆盖会使资源消耗增加，反而会使得到的解较差。

对于区域覆盖率计算方法，通常有几何法和网格点法。几何法的基本思想是，对于每次卫星过境，可根据其星下点轨迹方程和遥感器幅宽确定区域的覆盖范围，然后可根据覆盖区域的并集求得整个调度周期内覆盖的面积。该方法虽然理论上可行，但是对于区域调度问题，由于卫星和遥感器侧摆角度多变、成像条件多样，再加上多边形的交并运算本身是非常复杂的问题，对于复杂的区域调度问题，采用几何法太过于复杂，不具有实际应用价值。

对于网格点法，它是一种统计多边形及不规则图形面积的一种重要的方法，网格点法将对区域的覆盖率转换成对区域内某些特征点统计的问题。对于网格点法，它原理简单，而且计算的复杂度不会受多重覆盖和多边形交并等因素的影响。在本书中，将采用网格点法来对区域目标的覆盖率进行计算。

用网格点法对区域目标的覆盖率首先先对区域进行网格点划分。网格划分时网格的大小或对计算覆盖率的效率和精度有影响。当网格面积较大时，计算复杂度较低，同时计算精度也较低，当网格面积较小时，计算的复杂度较高，计算精度也较高。因此为了兼顾效率和计算精度两个方面，应该对网格的大小进行确定。

由于区域是一个不规则多边形，因此，首先先要将多边形区域的各顶点都投影到高斯平面上，这些顶点的垂直坐标范围为 $xmin_r \sim xmax_r$，水平坐标的范围是 $ymin_r \sim ymax_r$，定义一个矩形区域，然后再将该矩形区域划分为等间距连续相邻的多个小网格，这些小网格组成的集合为网格空间，记为

$$S_r = \bigcup_{\alpha=1}^{h_r} \bigcup_{\beta=1}^{v_r} S_r^{\alpha,\beta} \tag{4-3}$$

对于某个网格空间中的某个网格 $S_r^{\alpha,\beta}$，表示对应的坐标为 $\left(ymin_r + \dfrac{\alpha*(ymax_r - ymin_r)}{h_r}, xmin_r + \dfrac{\beta*(xmax_r - xmin_r)}{v_r}\right)$ 的网格，其中 h_r 为水平方向网格的分割总数，v_r 为垂直方向上网格的分割数目。然后将在网格空间 S_r 中但不在区域中的点去除，得到区域目标中特征点的集合 E_r，再根据 E_r 产生与之对应的 C_r 和 Z_r，然后在调度过程中，计算并更新 C_r 值。

4.4.2 粗细网格法

由上节中可知，在区域调度中进行网格划分，当网格面积较大时，计算复杂度较低，同时计算精度也较低，当网格面积较小时，计算的复杂度较高，计算精度也较高。有鉴于此，本书提出了粗细网格的相关概念。

粗细网格法的思路很简单，就是在对区域进行网格划分时，将区域划分为粗网格和细网格两种不同的划分。当在计算过程中需要较高的效率而不要求很高精度时，采用粗网格对区域的覆盖率进行计算，当在计算过程中需要很高精度时，用细网格进行计算。由于在算法的不同阶段覆盖率精度要求不同，采用粗细网格可使求解效率有较大提升(宋志明，2015；宋志明等，2014a)。

在参数优化阶段，对区域的覆盖率精度要求并不高，区域的覆盖率往往只用作在多个可行解之间进行选择的指标，很多时候仅仅需要比较两个可行解之间覆盖率的大小关系即可，因此在参数优化阶段可以采用粗网格来进行计算。

在结果处理阶段，需要很高的覆盖率精度，以得到该调度方案对区域的覆盖率，此时采用细网格对区域的覆盖率进行精确计算。

本章后面将会阐述，采用遗传算法对区域调度的参数优化模型进行求解，而遗传算法是一种以种群为单位进行进化的算法，而且需要进行重复的迭代运算，如果采用统一的网格划分，将难以兼顾效率与计算精度。

4.4.3 时间窗口计算

无论是采用何种模型来解决区域调度问题，时间窗口计算都是一个不能避免的问题。对于时间窗口计算，一般而言主要有两种思路：一种是以星下点轨迹方程与区域目标多边形之间的几何关系来进行计算；另一种是采用按时间进行采样，根据采样点与区域目标多边形之间的几何关系来进行计算(宋志明等，2015，2014b)。

先来论述第一种思路。分析在一段很小时间段$[t_0, t_1]$内遥感器对卫星的覆盖情况，首先在该时间段内取样，得到一系列时间点$(t_0, t_{a1}, \cdots, t_{ak}, t_1)$，然后计算每个点的星下点，得到一组星下点$(s_0, s_{a1}, \cdots, s_{ak}, s_1)$，每个星下点是由一组经纬度值组成，再将星下点投影到高斯平面上得到一组高斯平面坐标值$(p_0, p_{a1}, \cdots, p_{ak}, p_1)$，然后采用多项式最小二乘曲线拟合方法对该组平面直角坐标值进行曲线拟合，实验表明，在低于纬度60°的范围内，拟合方程可用一阶线性方程来表示。而中国绝大部分区域均在该范围内。因此对我国以及其他低纬度国家进行观测时，以一阶方程来拟合方程的精度范围已经可以满足要求。根据$(p_0, p_{a1}, \cdots, p_{ak}, p_1)$得到一条基于高斯平面直角坐标系的直线方程，$X = aY + b$，其中，$Y_0 \leqslant Y \leqslant Y_1$。同时，将区域的边界点投影到高斯平面上，再计算任意相邻顶点之间的直线方程，然后计算星下点轨迹方程与区域的几何关系。

第二种思路，首先将区域边界点都映射到高斯平面上，得到一个基于高斯平面的多边形。对于仿真时段$(tSpanB, tSpanE)$，按照一个步长来对时间进行取样，一般而言可以以卫星星下点移动幅宽大小所需时间为步长，得到一系列时间样点$(t_1, t_2, \cdots, t_n)$，根据某个时间样点t_i，可计算其星下点位置s_i，然后将s_i映射到高斯平面上得到p_i，首先查看p_i是否在多边形内，如果在多边形内，在该时刻遥感器肯定覆盖地面区域，如果不在，从该区域的网格点中寻找距离p_i最近的网格点，假设为$e_r^{\alpha, \beta}$，若此时刻遥感器可覆盖$e_r^{\alpha, \beta}$点，则该时刻遥感器可覆盖该区域，否则，该时刻遥感器不能覆盖该区域。计算出样点t_i的覆盖状况后，规定此时时间窗口为$[t_{i-1}, t_i]$，如果相邻样点t_{i+1}时刻也被覆盖，则时间窗口为$[t_i, t_{i+1}]$，直到该时间窗口的先后样点都不能被覆盖为止，此时时间窗口为 $[t_i,t_j]$，然后计算 $\dfrac{t_{i-1}+t_i}{2}$ 和 $\dfrac{t_j+t_{j+1}}{2}$ 的覆盖情况。只讨论向前找到最早开始时间的情况，如果 $\dfrac{t_{i-1}+t_i}{2}$ 能被覆盖，则时间窗口变为 $\left[\dfrac{t_{i-1}+t_i}{2},t_j\right]$，然后计算 $\dfrac{\dfrac{t_{i-1}+t_i}{2}+t_{i-1}}{2}$ 时刻是否被覆盖；否则时间窗口仍为 $[t_i,t_{i+1}]$，计算 $\dfrac{\dfrac{t_{i-1}+t_i}{2}+t_i}{2}$ 时刻的覆盖状况，以此方法将时间二分，直至使时间窗口达到合适的精度为止。

4.4.4 区域覆盖率计算

在区域调度中，区域覆盖率是判断调度结果好坏的一个重要指标。在参数优化过程中，对于区域的覆盖率，也有两种计算方法，第一种方法，对于某个区域 r，统计该区域的所有时间窗口 $(tw_{r1},tw_{r2},\cdots,tw_{rm})$，从前往后取出时间窗口，对于时间窗口 tw_{ri}，其对应的时间范围是 $[ts_{ri},te_{ri}]$，然后将该时间窗口划分为多个时间样点，时间样点的跨度同上，得到一组时间样点 $(t_{ri1},t_{ri2},\cdots,t_{rim})$，然后对区域 r 中网格空间内的所有点先进行备份，计算它在所有样点内能不能被覆盖，如果可以被覆盖，则将该点从网格空间内删除。遍历所有的时间窗口，最后统计网格空间内剩余点个数，然后将网格空间还原。假设原先网格空间中网格点个数为 N_r，统计完成后网格点个数为 N_r^s，则该区域覆盖率计算公式：

$$\text{covRata}(r)=\frac{N_r-N_r^s}{N_r} \tag{4-4}$$

该算法最主要的问题是重复计算。在求解区域调度的参数优化模型中，采用遗传算法来对其进行求解，遗传算法是以种群为进化单位进行进化，在进化过程中需要循环迭代，对于每个个体的每次进化都需要计算该个体每个区域的覆盖率以计算适应度函数指值，这样会导致非常高的时间复杂度。

为了降低算法的时间复杂度，提出第二种计算区域覆盖率的方法。首先对目标 r，选择一个它的时间窗口 tw_{ri}，其对应的时间范围是 $[ts_{ri},te_{ri}]$，在进行参数优化之前，建立与网格空间 E_r 对应的网格最小侧摆角空间 angle_{ri}，该最小侧摆角空间每个时间窗口对应一个，即对任意时间窗口 tw_{ri}，网格空间 E_r 中任意网格点都对应网格最小覆盖角空间 angle_{ri} 中的一个点 $\text{angle}_{ri}^{\alpha,\beta}$，先计算时间窗口内每个

$e_r^{\alpha,\beta}$ 对应的覆盖角度最小值(覆盖角度是无正负的),将其存入 angle_{ri} 中,同时将覆盖角度大于遥感器半视场角与最大侧摆角度之和的点标记,表示这些特征点无论如何都不能被覆盖。然后在参数优化时,根据标记情况、覆盖角度最小值与遥感器半视场角及当前侧摆角度,可计算该点是否被覆盖。

该种计算方法将计算过程中复杂度最高的部分移到计算之前,最复杂的部分只需一次计算即可,通过复杂度分析可知,该方法可大大提高算法的效率。

4.4.5 区域目标观测活动构造

对于一个区域目标,可能在一个调度周期内会有多次卫星过境。对于某次卫星过境,往往只能对该区域目标的一部分进行覆盖,而由于星载遥感器可侧视,随着星载遥感器侧视角度的不同,该次过境对区域目标的覆盖部分也是不同的,这样为区域目标调度过程的计算增加不少的复杂度。为了使对区域目标的调度成为一个可解的调度问题,需要将每次卫星对区域目标的过境活动按照一定的标准将其划分为多个观测活动,将观测活动作为该次覆盖计算的最小单位。

区域目标活动划分的对象是遥感器对地面覆盖的区域与区域目标范围的交集。区域目标观测活动的构造需要综合考虑卫星轨道、遥感器相关参数,以及区域目标的位置等主要因素。区域目标构造观测活动的过程主要可分为两步:预处理阶段、区域目标划分阶段。以下将对这几个过程详细阐述。

1. 预处理阶段

预处理阶段首先先获取调度过程中相关的信息。从调度过程输入信息中获取仿真周期信息、区域目标的相关约束条件、卫星轨道信息,以及星载遥感器相关信息。然后,根据每个区域目标的图像类型、分辨率要求,以及用户对遥感器的偏好信息等为每个区域目标分配候选资源。分配好候选资源后,计算每个候选资源对该区域目标的所有覆盖时间窗口。然后,剔除没有时间窗口的任务,因为该任务肯定不可能被完成,因此不需要调度,同时,对每个区域的时间窗口进行分析,考虑太阳光照等条件,删除不符合需求的时间窗口。最后,为每个时间窗口计算卫星的星下点轨迹方程。对于卫星星下点轨迹方程的求解方法,在 4.3 节中已经阐述,此处不再赘述。

2. 区域目标划分阶段

首先,必须明确一点,将区域目标划分为多个活动,是基于某个遥感器对该区域目标的某次覆盖,也就是相对某个时间窗口而言的。假设一个区域目标总共

有 N 个时间窗口，则该区域目标必须进行 N 次划分过程。

将基于某个时间窗口的区域目标划分为多个活动，每个活动都会对应一定的区域。当某次卫星过境要完成该活动时，必须保证该活动对应区域中的所有点完全被该卫星所带遥感器覆盖，该活动才可以完成。假如该活动对应区域中有某些点不能在卫星该次过境时被覆盖，那么卫星该次过境将不能完成该活动（Wang et al.，2012）。

同时，将基于某个时间窗口的区域目标划分为多个活动，如果某个活动对应的面积过小，由于区域目标的一个时间窗口上一般而言只能安排一个活动，那么会导致该次卫星过境只能对很小的一个区域进行覆盖，这样会浪费观测机会，对观测活动也不利。

目标区域 $R = \{1, 2, \cdots, v\}$ 在其坐标平面内的范围定义为 $D = \{D_1, D_2, \cdots, D_v\}$，侦察卫星星载遥感器资源 $S = \{1, 2, \cdots, m\}$。假设某一星载遥感器 i 对目标区域 r 在调度周期内所有时间窗口为 $TW_{ir} = \{tw_{ir}^1, tw_{ir}^2, \cdots, tw_{ir}^{r_{ir}}\}$，其中 r_{ir} 表示时间窗口数目。

对于区域的活动划分，本书中主要论述两种方法：一种是基于星下点轨迹方程与多边形顶点几何关系方法求解；另一种是基于特征点的划分。下面分别对这两种方法进行阐述。

1）基于星下点轨迹方程与多边形顶点几何关系求解方法

假设卫星星下点轨迹在高斯平面上投影对应的星下点轨迹方程为 $x = a_{ir}^k y + b_{ir}^k$，其中，$ys_{ir}^k \leqslant y \leqslant ye_{ir}^k$。根据星载遥感器侧视角度可计算地面幅宽大小，则根据此，可以得到星载遥感器观测范围两边边界方程 $x = a_{ir}^k y + b_{ir}^k + c_{ir}^k$ 和 $x = a_{ir}^k y + b_{ir}^k - c_{ir}^k$，其中 $c_{ir}^k > 0$。然后，根据区域目标 r 的边界点坐标转换到高斯平面下，过每个顶点做平行于卫星星下点轨迹方程的直线，其直线方程的常数项集合为 $b(D_r)$。集合 $b(D_r)$ 中最大和最小的两项分别为 $\max(b(D_r))$ 和 $\min(b(D_r))$，则区域两侧边界直线方程分别是 $x = a_{ir}^k y + \max(b(D_r))$ 和 $x = a_{ir}^k y + \min(b(D_r))$，则在星载遥感器的观测范围内且在区域范围内，即该次活动需要处理的范围为 $x = a_{ir}^k y + \min(b_{ir}^k + c_{ir}^k, \max(b(D_r)))$ 和 $x = a_{ir}^k y + \max(b_{ir}^k - c_{ir}^k, \min(b(D_r)))$ 之间。

如果直线 $x = a_{ir}^k y + \min(b_{ir}^k + c_{ir}^k, \max(b(D_r)))$ 和 $x = a_{ir}^k y + \max(b_{ir}^k - c_{ir}^k, \min(b(D_r)))$ 之间的距离小于或等于遥感器的观测范围 $vWidth_i$，则将该时间窗口的覆盖范围划分为一个观测活动即可。这两条直线分别为该观测活动的两个边界，该观测活动对应的区域范围的边界由这两条直线与多边形区域目标的交点的位置来决定。

如果这两条直线之间的距离大于遥感器的观测范围 $vWidth_i$，则需要为该次观测划分多个观测活动，假设遥感器的观测范围 $vWidth_i$ 对应的该斜率的直线方程参数大小的改变为偏移参数 $\Delta\lambda_i$，首先以 $x = a_{ir}^k y + \min(b_{ir}^k + c_{ir}^k, \max(b(D_r)))$ 为边界递

增偏移参数 $\Delta\lambda_i$，即以 $x = a_{ir}^k y + \min(b_{ir}^k + c_{ir}^k, \max(b(D_r))) - \Delta\lambda_i$ 为右边界作为第一个活动的区域边界，然后方程右侧常数每次递增 $\Delta\lambda_i$，直至其与 $x = a_{ir}^k y + \max(b_{ir}^k - c_{ir}^k, \min(b(D_r)))$ 之间的偏移量小于 $\Delta\lambda_i$ 为止，此时，以 $x = a_{ir}^k y + \max(b_{ir}^k - c_{ir}^k, \min(b(D_r)))$ 为右侧边界，向左侧偏移 $\Delta\lambda_i$，即以 $x = a_{ir}^k y + \max(b_{ir}^k - c_{ir}^k, \min(b(D_r))) + \Delta\lambda_i$ 为左侧边界。如此，可将该范围化为多个活动，而且可最大限度地利用遥感器的观测机会，且每个活动不会出现只有一半被观测另一半不被观测的情形。

2) 基于特征点的活动划分方法

3.4.4 节中，已经讨论了计算每个时间窗口下每个点的覆盖角度及区域的侧摆角度，对于时间窗口 $tw_{ri} = [ts_{ri}, te_{ri}]$ 下，计算所有特征点的覆盖角度，对有机会在该时间窗口下被覆盖的特征点，其覆盖角度范围为[minangle, maxangle]，遥感器的半视场角为 angle，则以 minangle+angle 作为第一个活动下遥感器的侧摆角度，每两个相邻的活动其遥感器侧摆角度相差一个全视场角大小，即第二个活动的侧摆角度为 minagle+3*angle。直到侧摆角度大于 maxangle 时，以 maxangle 为侧摆角度作为该时间窗口下的最后一个活动。

在 3.4.4 节中提到，计算每个特征点在每个时间窗口下的覆盖角度，可以根据该覆盖角度与活动对应的侧摆角度来计算选择该活动时该特征点是否被覆盖。

4.4.6 观测活动时间属性重计算

虽然区域的时间窗口同观测活动的时间窗口基本一致，但在比较精确的计算时，其二者之间还有一定的差距，为对调度活动进行精确的计算，在将基于每个时间窗口的区域目标划分为多个观测活动时需要对该活动的时间窗口进行精确计算，由于活动的时间窗口肯定会包含在目标区域的时间窗口的范围之内，因此可根据区域目标的时间窗口进行重计算。

4.4.7 区域目标观测活动输出信息

对基于各个时间窗口的地面区域进行活动划分之后，可以达到一组活动的数组，对于每个活动，它主要包含以下信息：

(1) 活动编号；

(2) 完成该活动遥感器编号；

(3) 完成该活动时间段；

(4) 遥感器侧摆角。

4.4.8 调度方案中各时间窗口重要性分析

在 4.1 节中，阐述了区域调度问题的求解步骤，在求解步骤的最后一步，是结果处理。在结果处理中非常重要的一步是去除该调度方案中的冗余时间窗口或者冗余活动。为了能够去除冗余时间窗口与冗余活动，需要对各时间窗口或活动的重要性进行分析。由于在本书中，每个时间窗口只安排一个活动，因此，冗余时间窗口和冗余活动是同样的意义。在本小节中统一用时间窗口来对待。

对于某个时间窗口的重要性，可以定义如下：时间窗口的重要性是指当在可行解中，选择该时间窗口与不选择该时间窗口，该区域被覆盖的特征点数目的变化值。重要性越高，则说明该时间窗口对该区域覆盖所作的贡献与起到的作用越大。若一个时间窗口其重要性为 0，则说明该时间窗口在该调度方案中对区域覆盖贡献率为 0，即该时间窗口冗余。

值得说明的是，每个冗余的时间窗口是相对一个可行解而言的，可能在一个可行解中，有两个冗余时间窗口 tw_1 和 tw_2，将冗余时间窗口 tw_1 去除后，tw_2 可能变为非冗余时间窗口了。

4.5 参数优化求解方法

在本小节中，将采用遗传算法对区域调度问题的参数优化模型进行求解。遗传算法是一种随机搜索算法，通过模拟生物进化论的自然选择和遗传学机理的生物进化过程来搜索最优解，它是目前很有生命力也很常用的一种不完全搜索算法。其主要特点是通过设定适应度函数，直接对搜索对象进行操作，不要求目标函数可导或者函数连续，甚至求解目标可以没有形式化的描述函数；遗传算法本质上具备并行搜索的特性以及全局优化能力。基于以上各种优点，遗传算法在组合优化、机器学习、自适应控制和人工智能等领域都有非常重要的用途。相比一般启发式搜索算法，遗传算法是以种群进化为单位来进行，因此遗传算法在得到最优解消耗的时间将明显多于普通启发式搜索算法。本小节中将讨论以遗传算法作为区域调度模型的求解算法对区域调度问题进行求解。

对于区域调度问题，前面已经叙述过，它是一个分级多目标优化问题，由于两个目标的优先级是不同的，不需要设计多目标优化算法，只需单目标优化算法即可，定义两个解之间的优劣关系如下：

$$\forall p_1, p_2 \in \text{Pop}, \ \text{profit}(p_1) > \text{profit}(p_2) \ \rightarrow \ p_1 \succ p_2$$

$$(\text{profit}(p_1) = \text{profit}(p_2)) \cap (\text{cost}(p_1) < \text{cost}(p_2)) \rightarrow p_1 \succ p_2 \tag{4-5}$$

4.5.1 编码

遗传算法将实际问题转换为可被遗传算法解决的优化问题的一个重要的桥梁是编码,编码的好坏将直接决定算法的好与差。遗传算法中的每一个个体都是一个可行解。对于区域调度参数优化模型,采用二维编码,第一维表示任务,也就是区域,第二维表示对该区域有覆盖的时间窗口对应的相关信息。第二维上对该区域有覆盖的时间窗口相关信息为按照时间窗口对应开始时间的先后信息进行排列。

对于完成任务的时间窗口相关信息,主要包含以下信息:时间窗口的开始和结束时刻、资源名称、遥感器的侧摆角度、任务开始执行时刻。

4.5.2 算子

1. 选择算子

遗传算法中的选择算子的主要目的是从父代中选择出较优的个体保留到下一代,选择算子用于指导遗传算法的整个种群的进化方向。

在对种群中的个体进行选择之前,首先必须对所有的个体进行解码。所谓解码是指计算遗传算法每个个体对应的调度方案的收益值及观测成本。在遗传算法中对非可行解的态度不同于一般的启发式搜索算法,遗传算法中可以接受非可行解。在遗传算法中对非可行解引入冲突度的概念。所谓冲突度 δ,是指在该个体编码对应的调度方案中,因为不满足某些约束限制而导致冲突,在整个个体中冲突出现的次数就是冲突度。基于冲突度的适应度函数值的计算公式如下:

$$f_i = \frac{\text{cost}(i)}{(1+\delta_i)^2} \tag{4-6}$$

式中,分母 $(1+\delta_i)^2$ 的目的在于加大惩罚的力度以尽量避免有冲突的个体;$\text{cost}(i)$ 为个体的整体收益值;δ_i 为个体的冲突度。

对于单目标的遗传算法,选择方式有很多种,最常见也是最常用的是轮盘法,其基本思路是让每个个体被选中的概率与其适应度函数值大小呈正比。

设该算法设置的种群大小为 N,对于某一代个体 Pop_i,它的适应度函数值为 f_i,则它被选择的概率为

$$p_i = \frac{f_i}{\sum_{k=1}^{N} f_k} \tag{4-7}$$

对于轮盘法，适应度大的个体更易进入下一代，同时适应度小的个体也有机会进入下一代，这可以在保持解的优良性的基础上同时也保持解的多样性。

2. 交叉算子

交叉算子是根据两个解进行一定程度的信息交换生成新的解。在遗传算法中一般都设置一个交叉概率，以来控制当前种群中进行交叉运算的个体的百分比。

参数优化模型的交叉算子有三个层次的交叉。第一种为任务级别的交叉，具体过程为，首先选择两个要交叉的个体 Pop_1 和 Pop_2，然后选择要交叉的位置，然后将该位置之后的所有任务连同任务上的时间窗口序列一同交换。第二种为时间窗口级别的交叉，首先选择两个要交叉的个体 Pop_1 和 Pop_2，然后选择要交叉的任务序号，在 Pop_1 的该任务序号对应的时间窗口序列中选择一交叉点，然后找到 Pop_2 中对应的交叉点，将两交叉点之后的时间窗口相互交换。

第二种交叉算子中涉及根据 Pop_1 的一个交叉点寻找 Pop_2 上对应任务的对应交叉点，首先先找到 Pop_1 对应任务的交叉点之后的第一个时间窗口的起始时间，然后在 Pop_2 对应任务的时间窗口序列中寻找最大不迟于该起始时间的活动，将该活动之前的位置当做 Pop_2 对应起始点。

第三种交叉算子为参数级别的交叉，选择两个个体的两个有不同参数的相同的时间窗口，然后得到两个时间窗口的侧摆角度分别为 $angle_1$ 和 $angle_2$，任务实际开始执行时刻分别为 t_1 和 t_2，则交叉后：

$$\begin{cases} angle'_1 = \alpha * angle_1 + (1-\alpha) * angle_2 \\ angle'_2 = \alpha * angle_2 + (1-\alpha) * angle_1 \end{cases} \quad (0 < \alpha < 1) \tag{4-8}$$

$$\begin{cases} t'_1 = \beta * t_1 + (1-\beta) * t_2 \\ t'_2 = \beta * t_2 + (1-\beta) * t_1 \end{cases} \quad (0 < \beta < 1) \tag{4-9}$$

3. 变异算子

变异算子是遗传算法中根据一个个体产生新个体的方法，它本质上是根据一个解对其邻域进行一定程度的探索，变异算子同交叉算子一样，也有一个变异概率以控制种群中变异个体的百分比。但变异概率一般设置较小，如果变异概率过大会破坏当前较好的解。

在本算法中，变异算子有两种：第一种为时间窗口选择状态的变异，选择一个个体，然后选择一时间窗口，假如该个体对应的调度方案中没有包含该时间窗口，则将该时间窗口添加到该解中；假如该调度方案中含有该时间窗口，则将该时间窗口从该解中去除。

第二种为参数的变异，首先选择一个要进行变异的个体，然后选择该个体上要变异的时间窗口 tw ，假设 tw 的侧摆角度和任务实际开始执行时刻分别为 angle'_1 和 t_1 ，该时间窗口对应的最大侧摆角度和最小侧摆角度分别为 maxangle_1 和 minangle_1 ，任务最早开始时刻和最晚开始时刻分别为 t_a 和 t_b ，则

$$\begin{cases} \text{angle}'_1 = \text{angle}_1 + \text{rand}(0,1) * (\text{maxangle}_1 - \text{angle}_1) & \text{if}(\text{rand}(0,1) < 0.5) \\ \text{angle}'_1 = \text{angle}_1 - \text{rand}(0,1) * (\text{angle}_1 - \text{minangle}_1) & \text{if}(\text{rand}(0,1) \geq 0.5) \end{cases} \quad (4\text{-}10)$$

$$t_1 = t_a + \text{rand}(0,1) * (t_b - t_a) \quad (4\text{-}11)$$

式中， $\text{rand}(0,1)$ 为返回 0~1 随机数的函数。

4. 初始化算子

在进行种群初始化时，选择所有的时间窗口，对每个时间窗口，假设侧摆角度和实际可执行时间分别为 angle 和 t ，按照以下规则初始化其中的参数：

$$\begin{cases} \text{angle} = \text{minangle} + \text{rand}(0,1) * (\text{maxangle} - \text{minangle}) \\ t = t_a + \text{rand}(0,1) * (t_b - t_a) \end{cases} \quad (4\text{-}12)$$

式中，minangle 为该时间窗口所允许的侧摆的最小角度；maxangle 为该时间窗口所允许的侧摆的最大角度； t_a 为该任务最早可允许执行时间； t_b 为该任务最晚可允许执行时间。

5. 冲突消除算子

在初始化以及其他算子中，会产生许多具有冲突的解，尤其是初始化算子选择所有的时间窗口。对于有冲突的解，在计算其适应度函数值时，已经通过罚函数来降低其值。为将这些有冲突的解转换为无冲突的多个解，在算法中加入冲突消除算子。

该模型的冲突消除算子同活动选择模型的比较相似，假设个体 Pop 中两个时间窗口 tw_1 和 tw_2 冲突，则根据该个体产生两个新的个体 Pop_1 与 Pop_2，其中，Pop_1 是将 Pop 中去除 tw_1 窗口后的调度方案，Pop_2 是去除 tw_2 后的调度方案，然后将 Pop_1 和 Pop_2 一起加入种群中。

4.5.3　终止规则

对于算法的终止规则，采用遗传算法常用终止规则，首先先设置最大迭代次数 maxGen ，如果迭代次数大于 maxGen 则算法终止。

4.5.4　最优解处理

当算法终止时，从种群中找到在最大化整体收益这个目标下种群的最优解，如果有多个最优解，将所有不同的最优解都保存到一个集合中，最后找到一个资源消耗最小的方案，作为算法的输出。

4.6　活动选择求解方法

4.6.1　编码

在该模型中将编码设计为一个非等长的二维数组。数组的第一维表示区域目标，数组的第二维表示时间窗口。其编码的意义同参数优化模型基本相似，只不过在二维数组中的值表示的是该时间窗口对应的活动。

4.6.2　算子

本章中的模型求解算子与第 3 章中的模型求解算子相似，在本节中不再赘述。

4.6.3　终止规则

对于区域调度问题，其存在一个理论最大收益上限，即所有区域 100%覆盖时得到的收益值，如果在算法中出现收益值达到理论最大收益上限时，算法停止。一般需要为遗传算法设计一个最大迭代次数，当迭代次数等于最大迭代次数时，算法终止。

4.6.4　最优解处理

当算法终止时，从种群中找到在最大化整体收益这个目标下种群的最优解，如果有多个最优解，将所有不同的最优解都保存到一个集合中，然后将集合中的最优解对应调度方案中冗余活动剔除，最后找到一个资源消耗最小的方案，作为算法的输出。

4.7 区域调度规划的实现

4.7.1 调度实例设计

在进行实例设计时，需要对观测任务、卫星平台及星载遥感器进行分别设计，任务设计需要考虑任务的位置。在本节中，将给出一组应用实例用于测试本书中阐述算法的性能。参照前面论述的调度过程输入输入信息，在进行应用实例设计时，需要分别对调度周期、任务信息、卫星平台与遥感器信息进行设计。以下将对各输入信息分别进行阐述。

1. 调度周期信息

调度周期为[1 Jan 2010 00:00:00.000 UTCG, 2 Jan 2010 0:00:00.000 UTCG]，共24 小时的时间。

2. 任务相关信息

本书为测试实例设计两个任务，分别命名为 TaiWan 和 SiChuan，两个任务的相关信息如表 4-1 所示。

表 4-1 任务属性

区域目标名称	地理位置相关信息			图像类型要求	区域最大收益	任务优先级	图像所需分辨率精度/m
	顶点编号	地理经度/(°)	地理纬度/(°)				
TaiWan	TW1	119.3	20.5	可见光	500	1	5
	TW2	123.5	20.0				
	TW3	122.5	25.0				
	TW4	120.0	25.5				
SiChuan	SC1	100.2	30.2	可见光	400	1	8
	SC2	104.5	29.3				
	SC3	104.2	34.3				
	SC4	101.2	34.3				

3. 卫星平台和遥感器信息

卫星平台信息如表 4-2 所示。

表 4-2　卫星平台信息

卫星名称	半长轴/m	偏心率	轨道倾角/(°)	近地点幅角/(°)	升交点赤经	起始时刻平近点角/(°)
Sat-1	8156.14	0	98.5	0	207.79	0
Sat-2	7156.14	0	98.5	0	207.79	0
Sat-3	8000.14	0	97.9	0	30.0	0

Sat-1 卫星上携带 Sensor1 和 Sensor2 两个遥感器，Sat-2 上携带 Sensor3 遥感器，Sat-3 上携带 Sensor4 遥感器。遥感器相关的参数如表 4-3 所示。

表 4-3　遥感器参数

内容	遥感器			
	Sensor1	Sensor2	Sensor3	Sensor4
所属卫星	Sat-1	Sat-1	Sat-2	Sat-3
图像类型	全色	全色	全色	全色
最大侧摆角度/(°)	±30	±25	±40	±20
像幅宽度/km	40	60	20	80
空间分辨率/m	2	5	1	8
最小姿态转换时间/s	4	4	4	4

4.7.2　区域调度结果

1. 时间窗口信息

遥感器对区域的时间窗口信息计算结果如表 4-4 所示。

表 4-4　时间窗口信息

时间窗口序号	区域名称	遥感器名称	开始时刻	结束时刻	持续时间/s
TimeWindow-1	TaiWan	Sensor1	2010-01-01 11:00:00	2010-01-01 11:09:00	540
timeWindow-2	TaiWan	Sensor1	2010-01-01 22:27:00	2010-01-01 22:37:00	600
timeWindow-3	TaiWan	Sensor2	2010-01-01 11:01:00	2010-01-01 11:08:00	420
timeWindow-4	TaiWan	Sensor2	2010-01-01 22:28:00	2010-01-01 22:36:00	480

时间窗口序号	区域名称	遥感器名称	开始时刻	结束时刻	持续时间/s
timeWindow-5	TaiWan	Sensor3	2010-01-01 10:45:00	2010-01-01 10:49:00	240
timeWindow-6	SiChuan	Sensor1	2010-01-01 00:06:00	2010-01-01 00:16:00	600
timeWindow-7	SiChuan	Sensor1	2010-01-01 12:58:00	2010-01-01 13:07:00	540
timeWindow-8	SiChuan	Sensor2	2010-01-01 00:07:00	2010-01-01 00:15:00	480
timeWindow-9	SiChuan	Sensor2	2010-01-01 12:59:00	2010-01-01 13:06:00	420
timeWindow-10	SiChuan	Sensor3	2010-01-01 00:06:00	2010-01-01 00:12:00	360
timeWindow-11	SiChuan	Sensor3	2010-01-01 12:21:00	2010-01-01 12:27:00	360
timeWindow-12	SiChuan	Sensor3	2010-01-01 23:32:00	2010-01-01 23:38:00	360
timeWindow-13	SiChuan	Sensor4	2010-01-01 00:46:02	2010-01-01 00:51:00	300
timeWindow-14	SiChuan	Sensor4	2010-01-01 12:00:00	2010-01-01 12:05:00	300

由表 4-4 可知,三颗卫星、四个遥感器对两个区域总共有 14 个时间窗口,其中 5 个时间窗口是对 TaiWan 的,剩余 9 个是 SiChuan 的。Sensor4 对 TaiWan 无时间窗口,是因为 Sensor4 的分辨率不能达到区域目标 TaiWan 的要求,因此在预处理阶段已经将该遥感器剔除。

2. 遥感器侧摆角度范围信息

在参数优化模型中,需要计算的信息是遥感器在每个时间窗口下的侧摆角度范围,计算结果如表 4-5 所示。

表 4-5　各时间窗口的侧摆角度范围

时间窗口序号	区域名称	遥感器名称	最小侧摆角度/(°)	最大侧摆角度/(°)
timeWindow–1	TaiWan	Sensor1	−15.74	−1.439
timeWindow–2	TaiWan	Sensor1	6.964	19.81
timeWindow–3	TaiWan	Sensor2	−15.42	−1.117

时间窗口序号	区域名称	遥感器名称	最小侧摆角度/(°)	最大侧摆角度/(°)
timeWindow–4	TaiWan	Sensor2	6.642	19.49
timeWindow–5	TaiWan	Sensor3	32.68	40
timeWindow–6	SiChuan	Sensor1	−14.92	−1.593
timeWindow–7	SiChuan	Sensor1	10.22	23.08
timeWindow–8	SiChuan	Sensor2	−14.6	−1.271
timeWindow–9	SiChuan	Sensor2	9.902	22.76
timeWindow–10	SiChuan	Sensor3	0	29.05
timeWindow–11	SiChuan	Sensor3	9.553	34.26
timeWindow–12	SiChuan	Sensor3	−40	−21.18
timeWindow–13	SiChuan	Sensor4	−8.222	4.363
timeWindow–14	SiChuan	Sensor4	−11.38	2.036

3. 区域被规划的时间窗口

规划调度结束，各资源执行观测活动的序列如表4-6所示。

表 4-6　调度结果

区域	遥感器	侧摆角度/(°)	观测开始时间	观测结束时间
TaiWan	Sensor1	−15.4737	2010 年 1 月 1 日 11:00:00	2010 年 1 月 1 日 11:09:00
	Sensor1	15.6456	2010 年 1 月 1 日 22:27:00	2010 年 1 月 1 日 22:37:00
	Sensor2	−12.8963	2010 年 1 月 1 日 11:01:00	2010 年 1 月 1 日 11:08:00
	Sensor2	9.84534	2010 年 1 月 1 日 22:28:00	2010 年 1 月 1 日 22:36:00
	Sensor3	37.2639	2010 年 1 月 1 日 10:45:00	2010 年 1 月 1 日 10:49:00
SiChuan	Sensor1	−7.4349	2010 年 1 月 1 日 00:06:00	2010 年 1 月 1 日 0:16:00
	Sensor1	11.4831	2010 年 1 月 1 日 12:58:00	2010 年 1 月 1 日 13:07:00
	Sensor2	−13.8796	2010 年 1 月 1 日 00:07:00	2010 年 1 月 1 日 00:15:00
	Sensor2	13.0938	2010 年 1 月 1 日 12:59:00	2010 年 1 月 1 日 13:06:00
	Sensor3	22.5392	2010 年 1 月 1 日 00:06:00	2010 年 1 月 1 日 00:12:00
	Sensor3	37.533	2010 年 1 月 1 日 12:21:00	2010 年 1 月 1 日 12:27:00
	Sensor3	−31.8101	2010 年 1 月 1 日 23:32:00	2010 年 1 月 1 日 23:38:00
	Sensor4	−5.31759	2010 年 1 月 1 日 00:46:02	2010 年 1 月 1 日 00:51:00
	Sensor4	−6.57478	2010 年 1 月 1 日 12:00:00	2010 年 1 月 1 日 12:05:00

台湾和四川的覆盖率结果如表 4-7 所示。

表 4-7　覆盖率结果

区域	覆盖率	总收益
TaiWan	0.515748	693.975
SiChuan	0.872204	

参 考 文 献

宋志明. 2015. 星座对地覆盖问题的形式化体系构建与求解算法研究. 武汉: 中国地质大学博士学位论文

宋志明, 戴光明, 王茂才, 等. 2014a. 卫星星座对地面目标的连续性覆盖分析. 华中科技大学学报(自然科学版), 42(8):33-37

宋志明, 戴光明, 王茂才, 等. 2014b. 卫星对区域目标的时间窗口快速计算方法. 计算机仿真, 31(9):61-66

宋志明, 戴光明, 王茂才, 等. 2015. 卫星对地面目标时间窗口快速预报算法. 现代防御技术, 43(1):87-93

Wang M, Dai G, Song Z. 2012. Algorithm Research of satellite scheduling for area target based Genetic Algorithm. Proc. Of the 2nd International Conference on Aerospace Engineering and Information Technology, Nanchang, China

第5章　复杂约束多星任务规划

5.1　复杂约束下多星多任务规划问题模型

5.1.1　效益优先模型

卫星上有效载荷的存储容量有限，当观测任务很多时，卫星不可能完成其成像覆盖区域内的所有任务，卫星完成某一个任务时就相当于消耗掉该任务要求的存储空间。当卫星经过地面站的时候就会将卫星上面的数据下传到地面站，然后再开始下一阶段的观测。我们将任务消耗的数据量看作物品，将卫星看作背包，就可以将问题简化为一个背包问题。相比于基本的 0/1 背包问题，卫星调度多了一些其他的特点。在一个规划时段，一个任务可以有多个时间窗口，这些时间窗口可能由于任务被一颗卫星多次观测，也有可能是由于任务被多颗卫星观测。一个规划时段中，卫星最后经过的只能是一个地面站，因为在这之后的观测任务无法下传到地面上，观测的数据也就没有利用价值。在卫星调度系统中还需要考虑其他各方面的约束，下面通过数学语言对本章中考虑的约束进行具体描述。

本章中考虑的资源约束模型及模型中所用到的相关符号采用郭玉华(2009)提出的模型与符号，具体如表 5-1 所示。

表 5-1　卫星调度基本符号说明

符号	类型	意义
S	集合	系统中所有卫星资源集合
G	集合	系统中所有数传资源集合
T	集合	系统中所有原子任务集合
W	集合	系统中原子任务的观测时间窗口集合
s	参数	集合 S 中任意一颗卫星资源
m	参数	集合 T 中任意一个原子任务
W^s	集合	被卫星 s 观测的时间窗口集合
W_m^s	集合	原子任务 m 被卫星 s 观测的时间窗口集合

符号	类型	意义
G_s	集合	可对卫星 s 进行数据传输的时间窗口集合
$value_m$	参数	原子任务 m 的观测收益值
$st_{m,i}^s$	参数	原子任务 m 被卫星 s 观测的第 i 个时间窗口的开始时间
$et_{m,i}^s$	参数	原子任务 m 可被卫星 s 观测的第 i 个时间窗口的结束时间
$mem_{m,i}^s$	参数	任务 m 被卫星 s 观测的第 i 个时间窗口占用的存储器容量,与地面站接收数据长度量纲一致
$mod_{m,i}^s$	参数	原子任务 m 可被卫星 s 观测的第 i 个时间窗口的观测模式;对光学卫星指侧视角度;对 SAR 和电子卫星来说,包括模式和入射角、频率选择等
$real_{m,i}^s$	参数	原子任务 m 可被卫星 s 观测的第 i 个时间窗口是否是实传目标,如果是实传目标,取 True,否则,取 False
$Tran(i,j)$	函数	卫星 s 两个观测模式 i, j 之间的转换计算函数
pre_s	参数	卫星 s 的开机准备时间
$post_s$	参数	卫星 s 的关机稳定时间
cap_s	参数	卫星 s 的存储器容量
gs_g^s	参数	地面站 g 对卫星 s 的开始接收时间
ge_g^s	参数	地面站 g 对卫星 s 的结束接收时间
gl_g^s	参数	地面站 g 对卫星 s 的能够接受的最大数据量
TL_s	参数	卫星 s 绕地球飞行周期
lim_s	参数	卫星 s 每圈开机时长限制
$tmin_s$	参数	卫星 s 的最短开机时间
$tmax_s$	参数	卫星 s 的最长开机时间
$x_{m,i}^s$	决策变量	原子任务 m 可被卫星 s 观测的第 i 个时间窗口被观测为 True,否则为 False
$g_{m,i,g}^s$	决策变量	原子任务 m 可被卫星 s 观测的第 i 个时间窗口被观测并且在第 g 个地面接收站传输为 True,否则为 False
$mems_{m,i}^s$	决策变量	原子任务 m 被卫星 s 观测的第 i 个时间窗口被观测后存储器占用量
$tws_{m,i}^s$	参数	原子任务 m 对于卫星 s 的第 i 个可见窗口的开始时间
$twe_{m,i}^s$	参数	原子任务 m 对于卫星 s 的第 i 个可见窗口的结束时间
tl_m	参数	原子任务 m 的观测时长

根据卫星成像的资源约束，建立复杂约束下多星多任务规划资源约束模型。下面对多星多任务系统中的各个约束的含义进行描述。

(1) 对于系统中任意的时间窗口而言，它的开机时间不能超过卫星的开机时间限制，必须小于卫星的最长开机时长，大于卫星的最短开机时长。该约束可由式(5-1)进行描述：

$$x_{m,i}^s t\min_s \leqslant x_{m,i}^s (et_{m,i}^s - st_{m,i}^s) \leqslant x_{m,i}^s t\max_s, \forall s \in S, m \in T, i \in W_m^s \tag{5-1}$$

(2) 卫星上的传感器在观测下一个任务的时候通常需要侧摆，侧摆动作需要时间，观测任务如果要同时完成，必须满足卫星传感器动作切换时间限制。该约束可由式(5-2)进行描述：

$$[st_{m,i}^s - et_{n,j}^s - (pre_s + post_s + tran(mod_{m,i}^s, mod_{n,j}^s))]x_{m,i}^s x_{n,j}^s \geqslant 0,$$
$$\forall s \in S, m \in T, n \in T, i \in W_m^s, j \in W_n^s, st_{m,i}^s > et_{n,j}^s \tag{5-2}$$

(3) 对于任何一个任务，只能够先进行观测，然后进行数据传输。所以数据传输的开始时间必须比观测窗口的结束时间晚。该约束可由式(5-3)进行描述：

$$g_{m,i,g}^s * et_{m,i}^s < ge_g^s, \forall s \in S, m \in T, i \in W_m^s, g \in G_s \tag{5-3}$$

(4) 为了简化模型，规定卫星的观测和数传动作不能在时间上有交叉，只能在观测完成之后，进行数据传输。该约束可由式(5-4)进行描述：

$$g_{m,i,g}^s (gs_g^s - st_{m,i}^s)(gs_g^s - et_{m,i}^s) \geqslant 0, \forall s \in S, m \in T, i \in W_m^s, g \in G_s \tag{5-4}$$

(5) 卫星获取数据后下传的数据量不能超过卫星的载荷存储容量，同时也不能超过地面接收数据的最大数据量。该约束可由式(5-5)进行描述：

$$\sum_{m=1}^{|T|} \sum_{i=1}^{|W_m^s|} mem_{m,i}^s * g_{m,i,g}^s \leqslant \min(gl_g^s, cap_s), \forall s \in S, g \in G_s \tag{5-5}$$

(6) 卫星数据传输动作在同一时刻只能对一个地面站进行，不能同时将数据传输到两个地面站。该约束可由式(5-6)进行描述：

$$x_{m,i}^s real_{m,i}^s g_{m,i,g}^s \sum_{n=1}^{|T|} \sum_{j=1}^{|W_n^s|} (1 - real_{n,j}^s) g_{n,j,g}^s = 0, \forall s \in S, m \in T, i \in W_m^s, g \in G_s \tag{5-6}$$

(7) 如果卫星要进行实时观测任务，那么卫星必须能同时对任务和地面站可见，也就是说卫星的数据传输时间窗口必须包含卫星对观测任务的时间窗口。该约束可由式(5-7)进行描述：

$$x_{m,i}^{s}\mathrm{real}_{m,i}^{s}g_{m,i,g}^{s}gs_{g}^{s} \leqslant x_{m,i}^{s}\mathrm{real}_{m,i}^{s}st_{m,i}^{s} \leqslant x_{m,i}^{s}\mathrm{real}_{m,i}^{s}et_{m,i}^{s}$$
$$\leqslant x_{m,i}^{s}\mathrm{real}_{m,i}^{s}g_{m,i,g}^{s}ge_{g}^{s},\forall s\in S, m\in T, i\in W_{m}^{s}, g\in G_{s} \tag{5-7}$$

(8)在计算完当前数据总量的同时，要保证当前存储的有效观测数据量必须满足卫星存储容量限制。该约束可由式(5-8)进行描述：

$$\mathrm{mems}_{m,i}^{s} \leqslant \mathrm{cap}_{s}, \forall s\in S, m\in T, i\in W_{m}^{s} \tag{5-8}$$

(9)卫星在一个规划周期内不能开机时间过长，所以要满足卫星的开机时间限制。该约束可由式(5-9)进行描述：

$$\sum_{n=1}^{|T|}\sum_{j=1}^{|W_{n}^{s}|}(et_{n,j}^{s}-st_{n,j}^{s})\max\left[0,-\frac{(et_{n,j}^{s}-st_{m,i}^{s})(st_{n,j}^{s}-st_{m,i}^{s}-TL_{s})}{|(et_{n,j}^{s}-st_{m,i}^{s})(st_{n,j}^{s}-st_{m,i}^{s}-TL_{s})|}\right] \leqslant \lim_{s}, \forall s\in S, m\in T, i\in W_{m}^{s}$$

$$\tag{5-9}$$

(10)为了将每一个规划周期独立起来，每次进行卫星任务规划后，卫星上的数据必须全部下传到地面站。该约束可由式(5-10)进行描述：

$$\sum_{m=1}^{|T|}\sum_{i=1}^{|W_{m}^{s}|}x_{m,i}^{s}\mathrm{mem}_{m,i}^{s} = \sum_{g=1}^{|G_{s}|}\sum_{m=1}^{|T|}\sum_{i=1}^{|W_{m}^{s}|}g_{m,i,g}^{s}\mathrm{mem}_{m,i}^{s}, \forall s\in S \tag{5-10}$$

(11)每个任务最多被满足要求的卫星观测一次。该约束可由式(5-11)进行描述：

$$\sum_{s=1}^{|S|}\sum_{i=1}^{|W_{m}^{s}|}x_{m,i}^{s} \leqslant 1, \forall m\in T \tag{5-11}$$

(12)任务本身对于成像时长有一定的要求，所以观测过程需要满足成像时长约束。该约束可由式(5-12)进行描述。

$$tws_{m,i}^{s} \leqslant st_{m,i}^{s} \leqslant twe_{m,i}^{s}-tl_{m}, \forall s\in S, m\in T, i\in W_{m}^{s} \tag{5-12}$$

(13)一个资源在任意时刻只能完成一项任务。该约束可由式(5-13)进行描述：

$$x_{m,i}^{s}x_{n,j}^{s}(st_{n,j}^{s}-et_{m,i}^{s})(et_{n,j}^{s}-st_{m,i}^{s}) \geqslant 0, \forall s\in S, m\in T, n\in T, i\in W_{m}^{s}, j\in W_{n}^{s} \tag{5-13}$$

以上约束是综合考虑的多星多任务系统中的各个细节归纳总结出来的。然而在我们的实验中，甚至是在实际的卫星调度过程中，并不是所有的约束都会对任务的完成造成影响。针对不同的调度问题，我们可以适当地选取必须要考虑的约束，而不是将这里所有的约束都考虑进去。另外，对于卫星系统中某些特殊的卫星平台和卫星载荷会有一些特殊的性质，可能它们在调度的过程中受到的约束与本节中提到的约束会不一致。这时可以针对它们的特性单独进行建模，然后将两个调度规划结果进行合理的组合。

卫星每完成一个任务都要对当前的存储器数据占用情况进行计算，计算公式如式(5-14)所示：

$$\text{mems}_{m,i}^s = \sum_{\substack{n=1 \\ n \neq m}}^{|T|} \sum_{j=1}^{|W_n^s|} x_{n,j}^s \max \left[0, \frac{\text{et}_{m,i}^s - \text{et}_{n,j}^s}{|\text{et}_{m,i}^s - \text{et}_{n,j}^s|} \right] \text{mem}_{n,j}^s + x_{m,i}^s \text{mem}_{m,i}^s -$$

$$\sum_{g=1}^{|G_s|} \max \left[0, \frac{\text{et}_{m,i}^s - \text{gs}_g^s}{|\text{et}_{m,i}^s - \text{gs}_g^s|} \right] \sum_{\substack{n=1 \\ n \neq m}}^{|T|} \sum_{j=1}^{|W_n^s|} \text{mem}_{n,j}^s g_{n,j,g}^s, \forall s \in S, m \in T, i \in W_m^s \tag{5-14}$$

5.1.2 优化目标

我们当前考虑的模型中已经将所有的任务都分解成原子任务，将区域目标任务和其他一些复杂的任务的分解算法研究独立出来。所有的原子任务的重要性评价值在原始数据中给出，所以我们的优化目标就是所有能够完成原子任务的重要性评价值之和最大，数学表达式为

$$\max \sum_{m=1}^{|T|} \text{value}_m \sum_{s=1}^{|S|} \sum_{i=1}^{|W_m^s|} x_{m,i}^s \tag{5-15}$$

考虑本章中关于约束条件的数学描述，在综合效益优先的策略下，本章考虑的约束主要是表 5-1 中用数学表达式描述的约束。然而在实际问题中，对于独立的某一颗卫星，并不是所有的约束都适用，也就是说，关于这里的约束条件并不是所有的约束都会影响到最终的最优解的求解。另外，某些特殊的卫星具有一些特殊的特性，它们在调度的过程中可能会具有一些比较特殊的特性，考虑的约束可能会不一样，在我们调度的过程中需要单独考虑。

5.1.3 规划流程

对单星规划而言，考虑卫星观测过程中的一个条带，如图 5-1 所示。卫星从

点 P 到点 Q 的这一段条带中，在不考虑任务转换时间的情况下可以对任务 $A \sim M$ 进行观测。换言之，这段时间内任务 $A \sim M$ 对于这颗卫星都有时间窗口。在考虑任务转换时间约束的情况下，有些任务不能同时被这颗卫星完成。图 5-1 中，两个任务之间的连线表示这两个任务不能同时完成。根据每个任务自身的需求以及任务之间的互斥情况可以计算该时段内占用卫星存储器容量的期望值，然后可以在适当的地点分配数据传输资源。卫星存储容量大约可以存放 15 分钟的观测数据(郭玉华，2009)，所以在卫星接收了 15 分钟的数据之后应当为其分配一个数据传输资源。

分配好数据传输资源之后，就可以将任务分成多个段进行规划，即将某时段内的卫星调度简化为观测与数据传输相互间隔的过程。

多颗卫星同时参与调度的情况下，某一个特定的任务可以同时被多颗卫星观测，此时只需选择其中的一颗卫星的一个时间窗口完成即可，被重复观测的任务效益值与一次观测的效益值相同。

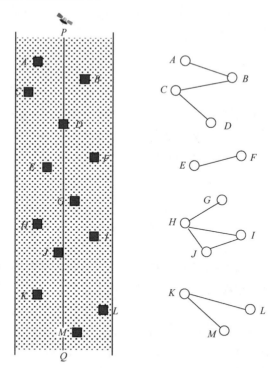

图 5-1 卫星观测时间窗口约束示意图

5.2 复杂约束下多星调度算法

本章在效益优先模型的基础上,综合考虑卫星调度系统中来自各方面的约束,以最大化任务收益值为目标,设计并实现了一种多种群进化算法。

5.2.1 调度问题归约

现实生活中很多经典问题都可以规约成为背包问题,如项目规划、材料分配、货物装载、资源分配等问题。本章中的复杂约束下的多星多任务规划问题就可以类比为一种特殊的背包问题。卫星上有效载荷的存储容量有限,当观测任务很多时,卫星不可能完成其成像覆盖区域内的所有任务,卫星完成某一个任务是就相当于消耗掉该任务要求的存储空间。当卫星经过地面站的时候就会将卫星上面的数据下传到地面站,然后再开始下一阶段的观测。我们将任务消耗的数据量看作物品,将卫星看作背包,就可以将问题简化为一个背包问题。

相比于经典的 0/1 背包问题,卫星调度多了一些其他的特点。在一个规划时段,一个任务可能有多个时间窗口,这些时间窗口可能由于任务被一颗卫星多次观测,也有可能是由于任务被多颗卫星观测。一个规划时段中,卫星最后经过的只能是一个地面站,因为在这之后的观测任务无法下传到地面上,观测的数据也就没有利用价值,所以问题中假设卫星最后观测点为一个地面站来讲卫星在此规划时段内剩余的所有数据。调度问题具有一些特殊性质,同样经典的 0/1 背包问题也有一些变种。下面将从经典的 0/1 背包问题出发逐步引出多约束多背包问题,这种问题模型在形式上更加贴近本章研究的复杂约束下多星多任务规划问题。

1. 经典的 0/1 背包问题

问题描述:将 n 个物品选择性装入容量为 b 的背包,第 $i(i=1,2,\cdots,n)$ 个物品的价值 v_i,同时会消耗容量 w_i。在 n 个物品中选择 m 个物品装入背包,在满足不超过背包总容量的前提下,使得装入的物品总的价值最高。经典的 0/1 背包问题可以用数学表达式(5-16)进行描述:

$$\max \sum_{i=1}^{n} v_i x_i$$
$$\text{st.} \sum_{i=1}^{n} w_i x_i \leqslant b \qquad (5\text{-}16)$$
$$x_i \in \{0,1\}, i \in \{1,2,\cdots,n\}$$

这是最经典也是最简单的背包问题，它是很多问题的原型，也经常作为许多复杂问题的子问题来研究。经典背包问题可以有很多变化，有很多衍生问题。通过改变优化目标的多少可以衍生出单目标背包问题和多目标背包问题等。

2. 多约束多背包问题

经典的 0/1 背包问题，考虑的约束只有一个，或者是质量，或者是容量，如果同时考虑质量和容量，问题就变成了一个二维背包问题，如果考虑的约束不止两个，问题就变成了一个多维背包问题，或称其为多约束背包问题(multidimensional knapsack problem，MDKP)。多约束背包问题的数学描述如式(5-17)：

$$\max \sum_{i=1}^{n} v_i x_i$$

$$\text{st.} \sum_{i=1}^{n} w_i^k x_i \leqslant b_k, k \in \{1,2,\cdots,l\} \tag{5-17}$$

$$x_i \in \{0,1\}, i \in \{1,2,\cdots,l\}$$

式中，b_k 为第 k 种约束的总量；w_i^k 为第 i 个物品会消耗的第 k 个约束资源量；n 为物品总数；v_i 为物品 i 的价值；$x_i = 1$ 时，表示选择第 i 个物品放入背包中，$x_i = 0$ 时，则相反，不选择第 i 个物品放入背包。多约束背包问题也是一种单目标背包问题。

不同于多约束背包问题，多选择背包问题(multi–choice knapsack problem，MCKP)是一种多约束的背包问题。多选择背包问题的不同之处在于它将所有的物品分组，在每一组中选择且只能选择一个物品装入到背包中。它的数学描述如式(5-18)：

$$\max \sum_{i=1}^{n} \sum_{j=1}^{r_i} v_{ij} x_{ij}$$

$$\text{st.} \sum_{i=1}^{n} \sum_{j=1}^{r_i} w_{ij} x_{ij} \leqslant b \tag{5-18}$$

$$\sum_{j=1}^{r_i} x_{ij} = 1, i \in \{1,2,\cdots,n\}$$

$$x_{ij} \in \{0,1\}, i \in \{1,2,\cdots,n\}, j \in \{1,2,\cdots,r_i\}$$

当既要考虑多约束情况，又要考虑多选择情况时，就得到了多选择多约束背包问题(multiple-choice multidimensional knapsack problem, MMKP)。MMKP 问题的数学描述如式(5-19)：

$$\max \sum_{i=1}^{n} \sum_{j=1}^{r_i} v_{ij} x_{ij}$$

$$\text{st.} \sum_{i=1}^{n} \sum_{j=1}^{r_i} w_{ij}^{k} x_{ij} \leqslant b_k, k \in \{1, 2, \cdots, l\}$$

$$\sum_{j=1}^{r_i} x_{ij} = 1, i \in \{1, 2, \cdots, n\}$$

$$x_{ij} \in \{0, 1\}, i \in \{1, 2, \cdots, n\}, j \in \{1, 2, \cdots, r_i\}$$

(5-19)

对多选择多约束背包问题的数学描述有一定的了解之后，我们可以作更深层次的类比。本章将复杂约束下的多星多任务规划问题类比多选择多约束背包问题。将观测任务获得的数据看作是这里的物品，将多颗卫星类比成背包，将调度规划中需要考虑的约束看作是背包问题中需要考虑的约束。卫星调度问题中的每个任务都有多个时间窗口，这些时间窗口包含了在整个系统中能被任何一个卫星观测到的所有时间窗口。从本章中关于复杂约束下多星多任务规划问题的模型描述可以知道，这里的时间窗口只需要选择一个就可以完成相应的观测任务，并且最好的情况下只需要选择一个时间窗口。在多选择多约束背包问题中，我们也需要对物品进行分组，然后在每一组中选择一个物品放入背包当中，使得最终的收益值最大。

本章考虑的调度问题和多选择多约束背包问题有很多类似的地方，当然也有一些不同点：

(1)在多选择多约束背包问题中，每个组中必然有一个物品被选择，而调度问题中的任务并不是必须在所有时间窗口中选择一个时间窗口完成任务，有时为了得到更大的综合效益值，会放弃某些效益低的任务；

(2)在多选择多约束背包问题中考虑的约束大多为线性约束，在卫星调度问题中考虑的约束相对更加复杂，具有非线性的特点；

(3)在每一组内部，多选择多约束背包问题选择不同物品时，获取的效益值是不同的，而在卫星调度问题中某个任务选择任何一个时间窗口完成，其获取的效益值只和任务本身相关。

5.2.2 多种群进化算法

由于在模型上有很多类似的特点，本章在求解卫星调度问题的方法上借鉴了解决背包问题的方法。目前，大多数求解多选择多约束问题的方法多为启发式算法，然而这些方法大多存在两个缺陷：①就是当约束很多的时候，这些算法容易陷入局部最优，甚至于找不到可行解；②由于问题比较复杂，这些算法的效率通常不高，要得到最终结果需要消耗大量的时间，这些时间消耗有时候甚至会超出我们可以接受的范围。

遗传算法是基于生物进化和自然选择的一种全局优化算法，针对组合优化、约束优化问题可以有比较好的效果。传统的遗传算法基于 Deb 准则来比较两个个体的优劣：①如果两个个体都是可行解，则选择综合效益值最高的个体；②如果一个个体是可行解，一个个体为不可行解，则选择可行解个体；③如果两个个体都是不可行解，则选择约束违反成都较低的个体。

Deb 准则认为可行解一定比不可行解好，这在约束条件较少的情况下，遗传算法可以得到较好的结果。然而当约束条件增多，不可行解空间变大，可行解空间变小时，我们通常需要利用不可行解找到可行解，利用不可行解的桥梁作用。这里不可行解就体现了它的价值。举例而言，一个约束违反很小的不可行解与一个距离最优解很远的可行解，相对而言，通过这个不可行解的交叉变异得到最优解的概率更大。所以在约束较强的情况下我们可以保留有价值的不可行解，分别利用可行解和不可行解各自的优势搜索出最优解。

本章采用了一种多种群进化算法来达到同时保留有价值的可行解和不可行解的目的(朱怀军，2014)。首先介绍这种进化算法中的个体的编码方式。个体编码如图 5-2 所示，整数代表选中某个具体任务的第几个时间窗口，"0"表示没有选择时间窗口。

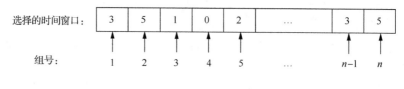

图 5-2　编码方式

这里定义两个评价标准作为选择个体的标准：

(1)个体综合效益值:

$$\text{valueFitness} = \sum_{i=1}^{n} v_i \qquad (5\text{-}20)$$

(2)个体约束违反程度:

$$\text{violationFitness} = \frac{1}{k} \sum_{i=1}^{k} w_i \qquad (5\text{-}21)$$

本章采用的多种群进化算法保留了三个种群 ξ_t、ξ_t^c 和 ξ_t^m。其中，ξ_t 尽量保持可行解，并且以寻找更好的可行解为目标。而 ξ_t^c 主要是不可行解个体，该种群以寻找可行解为目标。ξ_t^m 用来保留 ξ_t 和 ξ_t^c 中优秀的个体，在某些情况下 ξ_t 或 ξ_t^c 要借助 ξ_t^m 来替换当前个体。ξ_t 和 ξ_t^c 的种群规模一样都为 N，ξ_t^m 的规模为 $2N$，其中可行解和不可行解个体的大小都不超过 N。图 5-3 描述了种群从 t 代到 $t+1$ 代的过程:

算法的步骤有如下四步。

(1)$t=0$ 时，随机初始化三个 ξ_t、ξ_t^c 和 ξ_t^m，种群 ξ_t 和 ξ_t^c 规模为 N，种群 ξ_t^m 的规模为 $2N$。此时种群 ξ_t 中的可行解和不可行解可能不相等，如果可行解规模多于 N，则选择评价值较高的 N 个可行解个体；同样，如果不可行解规模多于 N，则选择评价值较高的 N 个不可行解个体。

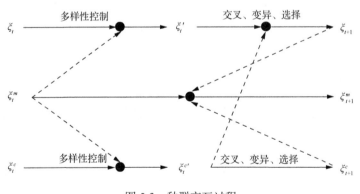

图 5-3　种群交互过程

(2)$t=0$ 时，根据个体综合效益值和个体的约束违反程度，进行适应性评估。从种群 ξ_t 和 ξ_t^m 中选择适应度高的个体，更新种群 ξ_t；从种群 ξ_t^c 和 ξ_t^m 中选择适应度高的个体，更新种群 ξ_t^c。

(3)多样性控制。如果在种群 ξ_t 中同时有可行解和不可行解，则断定该种群没有陷入局部最优；如果种群中都是可行解(或者都是不可行解)，并陷入了局部最优，则用种群 ξ_t^m 中的最好的可行解(或者不可行解)替换掉种群 ξ_t；相应的操作应用在种群 ξ_t^c 中。这样，就通过多样性控制得到种群 ξ_t' 和种群 $\xi_t^{c'}$。

(4)种群 ξ_t' 通过交叉、变异、选择等操作生成新的种群 ξ_{t+1}，并用种群 $\xi_t^{c'}$ 中的优秀的可行解个体更新种群 ξ_{t+1}；种群 $\xi_t^{c'}$ 通过交叉、变异得到新种群 ξ_{t+1}^c，然后进入新一轮的进化。

需要说明的是，这种算法为了防止种群陷入局部最优，采取了多样性控制策略。在种群陷入局部最优的时候，要通过种群 ξ_t^m 更新种群 ξ_t 和种群 ξ_t^c。这里要对种群陷入局部最优的判定准则有以下三种。

(1)如果种群中都是可行解(或者都是不可行解)，且其中具有相同收益值(或者约束违反程度值)的个体的数目大于一个阈值 μ，则判断种群已经陷入局部最优；

(2)如果种群中都是可行解(或者都是不可行解)，且其中具有相同收益值(或者约束违反程度值)的个体的种类少于一个阈值 β，则判断种群已经陷入局部最优；

(3)如果种群中既有可行解又有不可行解，或者种群不满足条件(1)、(2)，则判定种群没有陷入局部最优。

本章设计的多种群进化算法在原理上克服了一般启发式算法的两个缺点。在种群陷入局部最优时，这种算法采用了一种多样性控制策略，用已经保留下来的优秀个体来替换陷入局部最优的个体；另外，卫星调度问题本身包含很多约束，不可行解空间较大，为了利用不可行解的桥梁作用，多种群计划算法保留了不可行解种群，该种群以生成可行解为目标，这样就可以利用较好的不可行解搜索到最优解。

5.2.3 算法分析

目前求解约束优化问题的算法主要是一些启发式算法，在约束较少时，这些算法能获得较好的结果，但当约束变得多而且复杂的时候，一般启发式算法就会容易陷入局部最优，甚至于找不到可行解。本章中的多种群进化算法有效利用了不可行解的桥梁作用，如图 5-4 所示，并用一种机制克服了种群陷入局部最优的情况。

优秀的可行解个体通过交叉变异产生的不可行解和优秀的不可行解变异产生的可行解个体均会在最优解附近。借助不可行解产生的可行解通常都是比较优秀的可行解，不可行解"吸引"可行解向最优解靠近。然而这里的最优解包括了：局部最优解和全局最优解。为了防止算法陷入局部最优解，本章应用了三条准则来判断算法是否陷入局部最优。当算法陷入局部最优的时候，用已经保留的优秀个体(包括可行解个体和不可行解个体)来代替陷入局部最优的种群。

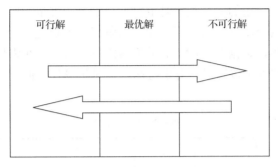

图 5-4　不可行解的桥梁作用

5.3　测　试　数　据

5.3.1　卫星参数

本章用了 5 颗卫星作为实验的输入数据，这五颗卫星的轨道数据按照经典的轨道六根数输入到调度软件中。这五颗卫星的六根数如表 5-2 所示。

表 5-2　卫星数据

卫星名	半长轴/m	偏心率	轨道倾角/(°)	近地点幅角/(°)	升交点赤经	平近点角/(°)	传感器名称
HRV	7193.59	0.002344	98.726	107.085	77.105	184.659	sensor-1
MTI	6891.832242	0.002011	97.325	333.934	237.611	112.260	sensor-2
Orb-View	6826.167581	0.001063	97.326	76.8	81.466	136.42	sensor-3
IKONOS	7046.72	0.000919	98.138	178.688	80.162	244.539	sensor-4
ALI	7069.32	0.000753	98.257	195.388	72.149	231.877	sensor-5

5.3.2　任务数据

本章的任务相关数据是关于我国 192 个城市的观测任务，任务的属性包括任务所在的经纬度、任务需要观测的持续时间、任务的类型、任务的收益值、任务的顶点正流、任务的顶点负流，表 5-3 给出了部分任务的属性数据。

任务的类型主要有三种，包括一般待观测任务(用 0 表示)、数据传输任务(用

2 表示)、实时传输任务(用 1 表示)。本章实验中将数据传输回地面站也定义成了任务，同时也定义了实时传输任务，它指的是卫星在观测的时候同时传输数据给地面站。由于实验考虑的卫星观测时卫星上存储器的容量，所以这里对每个点目标任务又增加了两个属性：顶点正流和顶点负流。顶点正流指的是卫星在完成一般观测任务的时候，数据会"流入"卫星传感器中，而卫星在将数据传回地面的时候，数据会"流出"卫星传感器。对于特殊的实时传输任务而言，它的顶点正流和顶点负流都是整数。

表 5-3　任务数据

地面点名	经度/(°)	纬度/(°)	持续时间/s	类型	目标权重	顶点正流	顶点负流
北京	116.467	39.9	5	2	10	575	0
上海	121.468	31.2333	10	0	8	0	8511
天津	117.186	39.15	10	2	7	718	0
重庆	106.533	29.5333	5	0	8	0	78.15
香港	114.167	22.3	6	2	9	564	0
…	…	…	…	…	…	…	…

5.4　实验及结果分析

5.4.1　输入数据

本章中的软件开发使用 C++语言，主要开发工具和硬件配置如表 5-4 所示。

表 5-4　开发工具和硬件配置

开发工具	VC6.0
处理器(CPU)	Pentium(R) Dual–Core CPU E6500 @ 2.93GHz 双核
内存(RAM)	2.00GB
系统类型(OS)	Windows 7(64 位)操作系统

首先新建场景输入场景名、仿真时段和仿真步长，如图 5-5 所示。

图 5-5　规划时段和仿真步长

在调度与规划之前要进行预处理，如图 5-6 所示，这一阶段主要是计算出任务的时间窗口。这一阶段主要考虑了任务的一些基本约束，包括不同类型任务对传感器的要求。

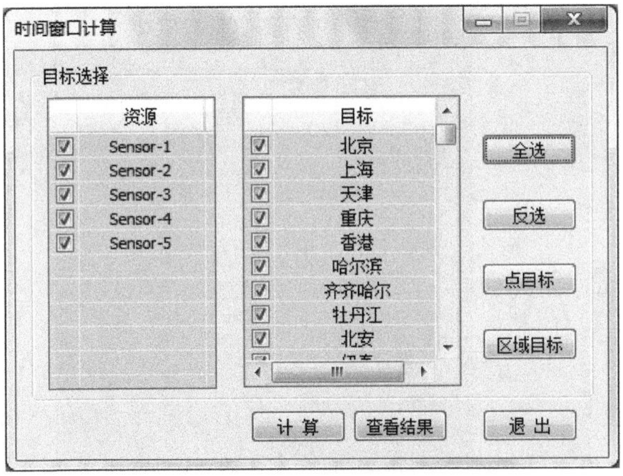

图 5-6　调度预处理

将任务数据输入到系统中，计算出各个任务的时间窗口，如图 5-7 所示。将任务的时间窗口按照开始时间的先后顺序排序，同时可以用甘特图显示调度预处理结果，如图 5-8 所示。调度初始化结果是调度算法的输入。调度算法的目的在于在任务的所有时间窗口中选择出合适的一部分时间窗口。这些时间窗口可以满足多星多任务复杂约束，同时可以使任务收益最大化。

编号	目标	卫星资源	传感器资源	覆盖起始时间	覆盖结束时间	覆盖持续时长
0	北京	HRV	Sensor-1	2013-04-20 07:06:17	2013-04-20 07:08:32	135 s
1		MTI	Sensor-2	2013-04-20 19:32:43	2013-04-20 19:34:41	118 s
2		Orb_View	Sensor-3	2013-04-20 07:33:21	2013-04-20 07:33:45	24 s
3		ALI	Sensor-5	2013-04-20 07:19:44	2013-04-20 07:21:33	108 s
4	上海	HRV	Sensor-1	2013-04-20 07:04:09	2013-04-20 07:05:29	80 s
5		HRV	Sensor-1	2013-04-20 19:24:59	2013-04-20 19:27:19	141 s
6		ALI	Sensor-5	2013-04-20 07:17:58	2013-04-20 07:18:16	18 s
7		HRV	Sensor-1	2013-04-20 07:04:09	2013-04-20 07:05:29	80 s
8		HRV	Sensor-1	2013-04-20 19:24:59	2013-04-20 19:27:19	141 s
9		ALI	Sensor-5	2013-04-20 07:17:58	2013-04-20 07:18:16	18 s
10		HRV	Sensor-1	2013-04-20 07:04:09	2013-04-20 07:05:29	80 s
11		HRV	Sensor-1	2013-04-20 19:24:59	2013-04-20 19:27:19	141 s
12		ALI	Sensor-5	2013-04-20 07:17:58	2013-04-20 07:18:16	18 s
13		HRV	Sensor-1	2013-04-20 07:04:09	2013-04-20 07:05:29	80 s
14		HRV	Sensor-1	2013-04-20 19:24:59	2013-04-20 19:27:19	141 s
15		ALI	Sensor-5	2013-04-20 07:17:58	2013-04-20 07:18:16	18 s
16		HRV	Sensor-1	2013-04-20 07:04:09	2013-04-20 07:05:29	80 s
17		HRV	Sensor-1	2013-04-20 19:24:59	2013-04-20 19:27:19	141 s
18		ALI	Sensor-5	2013-04-20 07:17:58	2013-04-20 07:18:16	18 s
19	天津	HRV	Sensor-1	2013-04-20 07:06:05	2013-04-20 07:08:15	130 s
20		MTI	Sensor-2	2013-04-20 19:32:53	2013-04-20 19:34:50	117 s
21		ALI	Sensor-5	2013-04-20 07:19:33	2013-04-20 07:21:16	103 s
22		HRV	Sensor-1	2013-04-20 07:06:05	2013-04-20 07:08:15	130 s
23		MTI	Sensor-2	2013-04-20 19:32:53	2013-04-20 19:34:50	117 s
24		ALI	Sensor-5	2013-04-20 07:19:33	2013-04-20 07:21:16	103 s

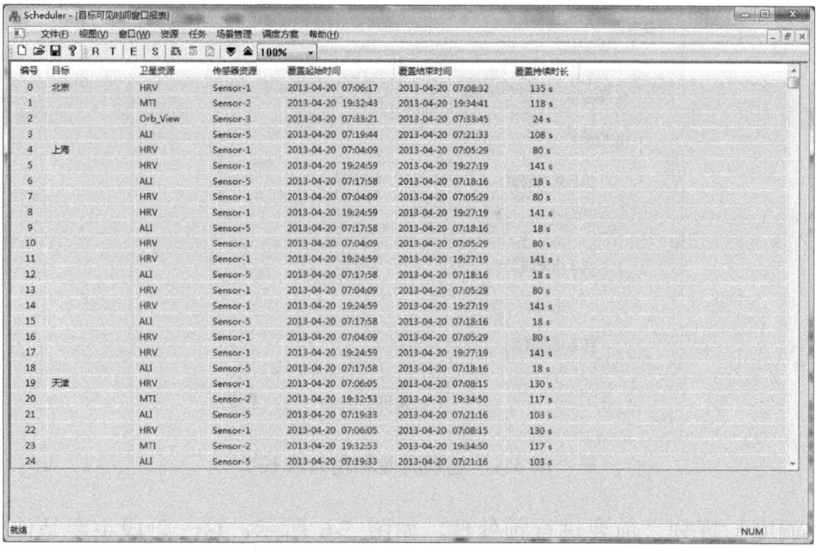

图 5-7　地面任务时间窗口

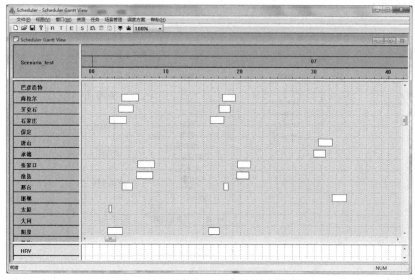

图 5-8　甘特图显示调度预处理结果

查看此时卫星星座对特定任务(诸如北京)的覆盖性能，如图 5-9 所示。也可查看卫星星座对所有任务的覆盖性能和地面各个任务的覆盖状况，如图5-10所示。从结果中可以看到星座的总覆盖时间、覆盖百分比、覆盖次数、最大覆盖时长等覆盖性能相关信息。

图 5-9　卫星星座对北京的覆盖性能

Accesstw.txt - 记事本
文件(F) 编辑(E) 格式(O) 查看(V) 帮助(H)

```
场景访真时间 : 2013-04-20  06:00:00     ->      2013-04-21  00:00:00
北京 :
2013-04-20  07:06:17    2013-04-20  07:08:32    134.87  1       HRV->Sensor-1
2013-04-20  07:19:44    2013-04-20  07:21:33    108.173 1       ALI->Sensor-5
2013-04-20  07:33:21    2013-04-20  07:33:45    24.1056 1       Orb_View->Sensor-3
2013-04-20  19:32:43    2013-04-20  19:34:41    117.936 1       MTI->Sensor-2

上海 :
2013-04-20  07:04:09    2013-04-20  07:05:29    79.6608 5       HRV->Sensor-1 and HRV-
>Sensor-1 and HRV->Sensor-1 and HRV->Sensor-1 and HRV->Sensor-1
2013-04-20  07:05:29    2013-04-20  07:05:29    0       1       HRV->Sensor-1
2013-04-20  07:17:58    2013-04-20  07:18:16    18.4896 5       ALI->Sensor-5 and ALI-
>Sensor-5 and ALI->Sensor-5 and ALI->Sensor-5 and ALI->Sensor-5
2013-04-20  07:18:16    2013-04-20  07:18:16    0       1       ALI->Sensor-5
2013-04-20  19:24:59    2013-04-20  19:27:19    140.746 5       HRV->Sensor-1 and HRV-
>Sensor-1 and HRV->Sensor-1 and HRV->Sensor-1 and HRV->Sensor-1
2013-04-20  19:27:19    2013-04-20  19:27:19    0       1       HRV->Sensor-1

天津 :
2013-04-20  07:06:05    2013-04-20  07:08:15    129.946 5       HRV->Sensor-1 and HRV-
>Sensor-1 and HRV->Sensor-1 and HRV->Sensor-1 and HRV->Sensor-1
2013-04-20  07:08:15    2013-04-20  07:08:15    0       1       HRV->Sensor-1
2013-04-20  07:19:33    2013-04-20  07:21:16    102.816 5       ALI->Sensor-5 and ALI-
>Sensor-5 and ALI->Sensor-5 and ALI->Sensor-5 and ALI->Sensor-5
2013-04-20  07:21:16    2013-04-20  07:21:16    0       1       ALI->Sensor-5
2013-04-20  19:32:53    2013-04-20  19:34:50    116.986 5       MTI->Sensor-2 and MTI-
>Sensor-2 and MTI->Sensor-2 and MTI->Sensor-2 and MTI->Sensor-2
2013-04-20  19:34:50    2013-04-20  19:34:50    0       1       MTI->Sensor-2

重庆 :
2013-04-20  07:32:29    2013-04-20  07:34:27    117.763 5       MTI->Sensor-2 and MTI-
>Sensor-2 and MTI->Sensor-2 and MTI->Sensor-2 and MTI->Sensor-2
```

图 5-10　卫星星座对所有点目标的覆盖性能

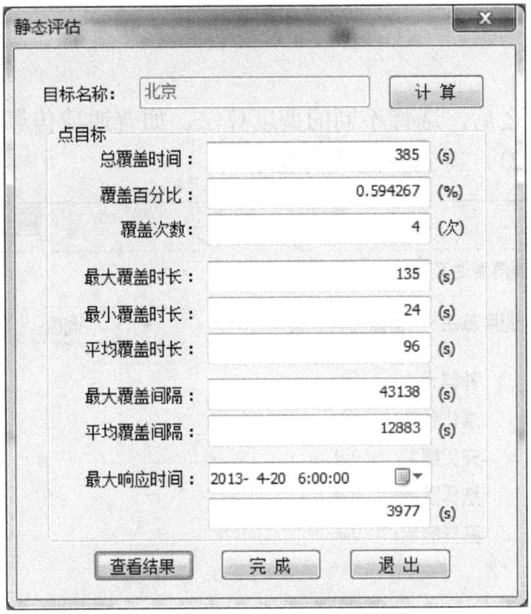

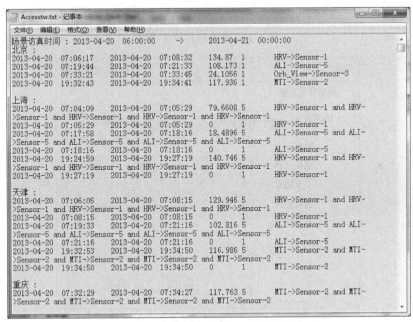

5.4.2 输出结果

在调度预处理之后，选择不同的调度算法，如普通遗传算法(图 5-11)、多种群遗传算法(图 5-12)，得到不同的调度方案。

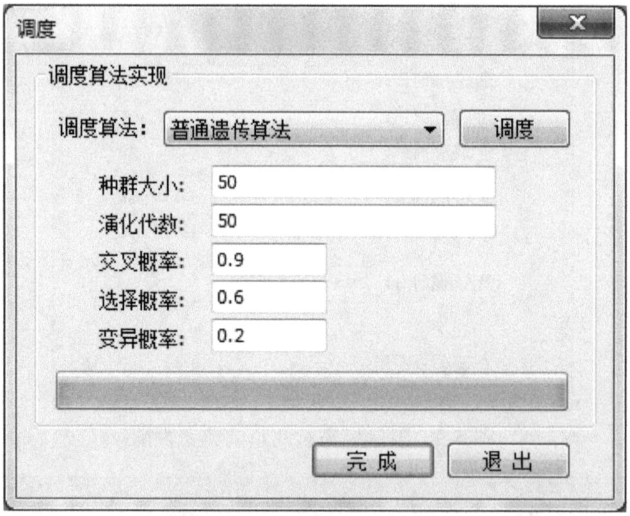

图 5-11　普通遗传算法求解

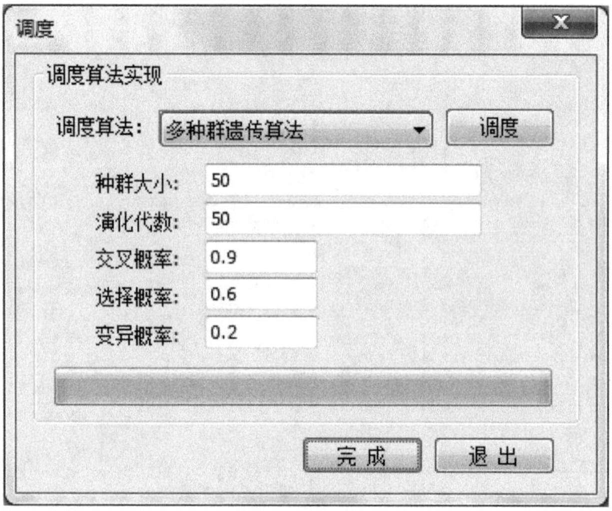

图 5-12　多种群遗传算法求解

图 5-13 中显示的为调度处理后的结果，在点目标一栏中，北安、鹤岗、佳木斯为没有完成的任务，其他任务为可以被完成的任务。右边一栏的甘特图显示了

它们各自的时间窗口，如果任务能够被完成，则它的时间窗口中必然有一段被标记为绿色。下面一栏显示了卫星的状态。在生成调度方案之后，每颗卫星的开机时间和关机时间也用甘特图显示出来，其中灰色阴影框表示对应卫星的各次开机工作时段。

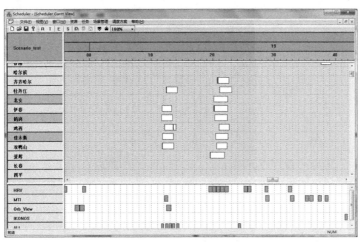

图 5-13　甘特图显示调度规划方案

另外，不同的任务不能被完成的原因不同。在图 5-14 中显示了更加具体的调度方案，图示中对于不能完成的任务给出了任务不能完成的原因，如“重庆”不能被观测的原因是“无可用的时间窗口”，“佳木斯”不能被观测的原因是“资源冲突”。

编号	目标名称	权重	覆盖时长	起始时间限	结束时间限	成像状态	卫星资源	传感器资源	覆盖开始时间	覆盖结束时间	备注
0	北京	10	7	2013-04-20 06:00:00	2013-04-21 00:00:00	succeed	ALI	Sensor-5	2013-04-20 07:19:44	2013-04-20 07:19:51	
1	上海	8	10	2013-04-20 06:00:00	2013-04-21 00:00:00	succeed	HRV	Sensor-1	2013-04-20 07:04:09	2013-04-20 07:04:19	
2	天津	7	10	2013-04-20 06:00:00	2013-04-21 00:00:00	succeed	MTI	Sensor-2	2013-04-20 19:32:54	2013-04-20 19:33:03	
3	重庆	8	5	2013-04-20 06:00:00	2013-04-21 00:00:00	failed					无可用时
4	香港	9	6	2013-04-20 06:00:00	2013-04-21 00:00:00	succeed	IKONOS	Sensor-4	2013-04-20 17:55:51	2013-04-20 17:55:57	
5	哈尔滨	1	8	2013-04-20 06:00:00	2013-04-21 00:00:00	succeed	MTI	Sensor-2	2013-04-20 06:00:00	2013-04-20 06:00:08	
6	齐齐哈尔	5	7	2013-04-20 06:00:00	2013-04-21 00:00:00	succeed	HRV	Sensor-1	2013-04-20 19:20:42	2013-04-20 19:20:49	
7	牡丹江	5	6	2013-04-20 06:00:00	2013-04-21 00:00:00	succeed	ALI	Sensor-5	2013-04-20 19:12:26	2013-04-20 19:12:32	
8	北安	8	5	2013-04-20 06:00:00	2013-04-21 00:00:00	succeed	HRV	Sensor-1	2013-04-20 19:21:38	2013-04-20 19:21:43	
9	伊春	9	7	2013-04-20 06:00:00	2013-04-21 00:00:00	succeed	ALI	Sensor-5	2013-04-20 19:11:48	2013-04-20 19:11:55	
10	鹤岗	8	3	2013-04-20 06:00:00	2013-04-21 00:00:00	succeed	ALI	Sensor-5	2013-04-20 19:13:21	2013-04-20 19:13:24	
11	鸡西	6	8	2013-04-20 06:00:00	2013-04-21 00:00:00	succeed	ALI	Sensor-5	2013-04-20 19:13:45	2013-04-20 19:13:53	
12	佳木斯	7	7	2013-04-20 06:00:00	2013-04-21 00:00:00	failed					资源冲突
13	双鸭山	7	5	2013-04-20 06:00:00	2013-04-21 00:00:00	succeed	ALI	Sensor-5	2013-04-20 19:12:53	2013-04-20 19:12:58	
14	爱辉	6	4	2013-04-20 06:00:00	2013-04-21 00:00:00	succeed	HRV	Sensor-1	2013-04-20 19:19:36	2013-04-20 19:19:40	
15	长春	10	8	2013-04-20 06:00:00	2013-04-21 00:00:00	succeed	IKONOS	Sensor-4	2013-04-20 07:24:36	2013-04-20 07:24:44	
16	四平	10	8	2013-04-20 06:00:00	2013-04-21 00:00:00	succeed	IKONOS	Sensor-4	2013-04-20 07:25:45	2013-04-20 07:25:53	
17	辽源	8	8	2013-04-20 06:00:00	2013-04-21 00:00:00	succeed	IKONOS	Sensor-4	2013-04-20 07:25:04	2013-04-20 07:25:12	
18	通化	6	7	2013-04-20 06:00:00	2013-04-21 00:00:00	succeed	IKONOS	Sensor-4	2013-04-20 07:26:13	2013-04-20 07:26:20	
19	吉林	4	6	2013-04-20 06:00:00	2013-04-21 00:00:00	succeed	Orb_View	Sensor-3	2013-04-20 20:31:02	2013-04-20 20:31:08	
20	延吉	6	6	2013-04-20 06:00:00	2013-04-21 00:00:00	succeed	HRV	Sensor-1	2013-04-20 07:07:13	2013-04-20 07:07:19	
21	沈阳	6	7	2013-04-20 06:00:00	2013-04-21 00:00:00	succeed	ALI	Sensor-5	2013-04-20 07:18:40	2013-04-20 07:18:47	
22	朝阳	3	8	2013-04-20 06:00:00	2013-04-21 00:00:00	failed					资源冲突
23	锦州	3	9	2013-04-20 06:00:00	2013-04-21 00:00:00	succeed	IKONOS	Sensor-4	2013-04-20 17:57:28	2013-04-20 17:57:37	
24	旅大	8	9	2013-04-20 06:00:00	2013-04-21 00:00:00	succeed	IKONOS	Sensor-4	2013-04-20 17:56:58	2013-04-20 17:57:07	
25	阜新	7	8	2013-04-20 06:00:00	2013-04-21 00:00:00	failed					资源冲突
26	营口	6	7	2013-04-20 06:00:00	2013-04-21 00:00:00	succeed	HRV	Sensor-1	2013-04-20 07:07:52	2013-04-20 07:07:59	
27	本溪	4	6	2013-04-20 06:00:00	2013-04-21 00:00:00	succeed	Orb View	Sensor-3	2013-04-20 20:28:54	2013-04-20 20:28:60	

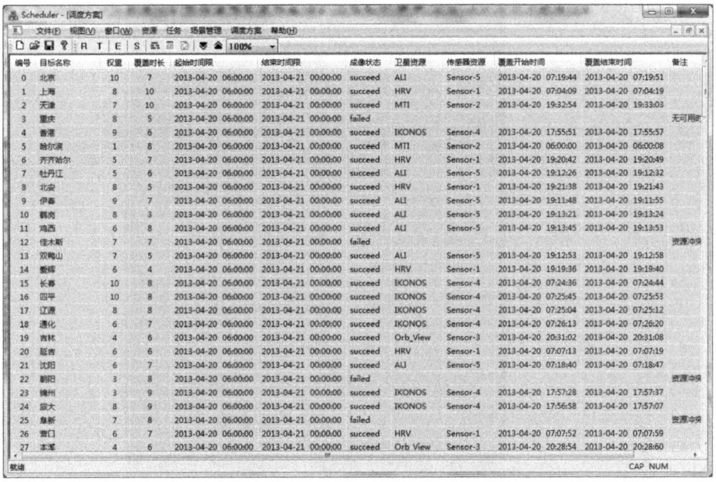

图 5-14　表格显示调度方案

图 5-15~图 5-17 显示了调度方案的卫星平均资源利用率。在资源利用率方面可以看出简单演化算法的平均资源利用率为 0.392592%，多种群进化算法的资源利用率为0.401543%，应用多种群进化算法的资源利用率更高。

图 5-15　资源利用情况

图 5-16　普通遗传算法资源利用率

图 5-17　多种群进化算法资源利用率

图 5-18 和图 5-19 显示了两种算法任务完成情况。结果显示应用多种群进化算法的任务完成率较高，能够完成更多的任务，且任务的综合效益值最高。

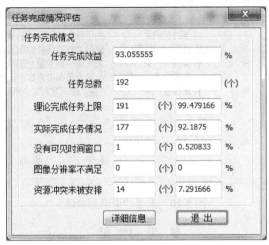

图 5-18　普通遗传算法任务完成情况

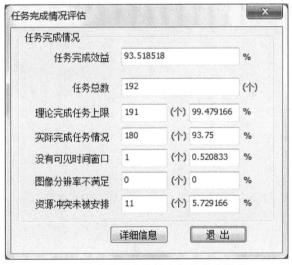

图 5-19　多种群进化算法任务完成情况

同时可以验证算法对于主要约束的满足情况，如图 5-20 所示。

图 5-20　主要约束满足验证

参 考 文 献

郭玉华. 2009. 多类型对地观测卫星联合任务规划关键技术研究. 长沙: 国防科学技术大学博士学位论文

朱怀军. 2014. 复杂约束下多星任务规划与调度算法研究. 武汉: 中国地质大学硕士学位论文

第6章 任务动态调度模型与算法

目前成像任务规划调度主要是针对静态任务,即给定一定时间(一天或1小时内)进行一次,在调度前卫星任务是预先提交确定的,规划方案一经生成便不再改变,方案提交给卫星进行执行完成即可。这种情况在紧急情况下并不合适,如当地震、洪涝灾害发生时,我们需要立刻知道相应地区的实时状况以便救援安排,因此我们需要动态的向已有卫星发送任务请求,需要卫星动态地进行规划处理,因此,有必要研究面向动态变化任务的调度规划问题。

6.1 成像卫星任务动态调度问题

6.1.1 成像卫星任务动态特性

在成像卫星动态调度问题中,虽然遇到的各种不同扰动因素导致相应任务产生动态变化,在根本上其实可以归纳成一类问题进行研究,即新任务插入到已有调度方案的研究问题。成像卫星调度问题可能面临的扰动因素有以下五个方面(祝江汉等,2011)。

1. 新任务的插入

在执行调度方案的过程中,当遇到突发状况(如地震、火山爆发)用户需要紧急对某些地区执行观测,因此可能会动态插入一些任务请求到相关卫星资源上。这属于典型的一类将高收益的新任务插入到已有调度方案的动态扰动。

2. 已安排任务的取消

由于用户某些方面的需求改变导致卫星上已有的相关任务取消,为了节约宝贵的卫星成本,需要将取消任务而获得的资源空隙能够使得之前由于某些冲突不能完成的任务得到重新执行的机会。所以也相当于是新的任务插入到已安排的调度方案中。

3. 任务属性的变化

任务的属性会随着需求改变或者某些突发事件发生变化而调整,如某个地区突然成了重点观测对象，需要提高之前的任务优先级，因此需要对规划方案进行相应调整。

4. 外界环境(如天气)变化

卫星任务的执行是通过相应遥感器完成的，而遥感器的运行可能需要相应的外界环境，如光照等条件的支持。所以当天气发生突发状况时会导致制定好的方案无法执行，需要实时更新任务方案。

5. 卫星资源状态变化

卫星在运行中可能会由于某种故障导致实效，因而使得安排在其上的任务无法有效完成，如果不能通过合理手段重新安排这些任务会造成严重的损失。因此，我们可以把这些任务归结到新任务集中通过相应策略分配到其余可用的卫星当中尽量减少损失，必要时可将低收益任务从调度方案中调整出来。

综上五种情况，我们可以归纳出突发状况总会产生一批需要待安排的任务，因此我们可以归为新任务插入原调度方案的问题进行研究。

6.1.2 扰动测量

当发生动态扰动后，我们需要评测初始调度方案与新方案之间的变化或距离，即为扰动的测度问题(邱涤珊等，2012)。根据上一章对于调度方案输出参数的分析，考虑原任务的状态主要会发生以下几种变化：

(1)完成该任务的卫星资源发生变化；
(2)完成该任务的卫星资源没变，但执行时间发生变化；
(3)该任务被删除。

由于任何调度方案的变化都需要重新向卫星注入新的指令，从这个角度出发，可以依据以上三点来计算原调度方案中安排任务发生变化的数量，进而衡量原计划变更程度。

6.2 成像卫星任务动态调度模型

6.2.1 约束满足问题

在人工智能领域中有一个比较重要的问题就是约束满足问题(constraint satisfaction problem, CSP)。一个约束满足问题由三部分组成：第一个是变量集合；第二个是对应变量所属的值域；第三个是求解过程中需要满足的相关约束集合。

约束满足问题的求解目标是满足各项约束条件的前提下，为在每个变量相应的值域范围内取某一个特定的值。

约束满足问题的描述形式有多种，一种较为有代表性的定义是把约束满足问题以一个三元组 $P = <V, D, C>$ 来表示（郭玉华，2009），其中：

V 为变量集，$V = \{V_1, V_2, \cdots, V_n\}$；

D 为定义域集，$D = \{D_1, D_2, \cdots, D_n\}$，其中 D_i 为 V_i 的值域；

C 为约束关系集，$C = \{C_1, C_2, \cdots, C_m\}$，每个约束 C_j 与 V 的一个子集相关，即 $C_j = <V_{sub}$，其中 V_{sub} 是约束中包含的变量，$V_{sub} = V_{j1} \times V_{j2} \times \cdots \times V_{jn}$；$R$ 是与变量相关的值域：$R = D_{j1} \times D_{j2} \times \cdots \times D_{jn}$，即每个约束关系确定了它所涉及的变量定义域的笛卡儿积的一个子集；$R>$ 表示一个约束关系。

约束满足问题的解是组合 $\{<V_1, d_1>, <V_2, d_2>, \cdots, <V_n, d_n>\}$，该组合满足所有相关的约束条件，其中 $d_i \in D_i$。

6.2.2 参数定义

本节的参数及其定义如下所示（王雷雷，2014）。

S：表示卫星资源集合，即 $S = \{s_1, s_2, \cdots, s_n\}$。

T_d：表示动态调度时刻点。

OriginTasks：表示原调度方案集合，即 OriginTasks $= \{t_1, t_2, \cdots, t_m\}$，其中 t_i 表示原调度方案中第 i 个任务。

NewTasks：表示新任务集合，即 NewTasks $= \{t_1, t_2, \cdots, t_p\}$，其中 t_i 表示新任务集中第 i 个任务。

$tw_{i,j}^k$：表示卫星 s_j 对 t_i 的第 k 个可见时间窗口。$tw_{i,j}^k = [ws_{i,j}^k, we_{i,j}^k]$，其中 $ws_{i,j}^k$ 表示该时间窗口起始时间，$we_{i,j}^k$ 表示该时间窗口结束时间。

Values：表示所有任务的价值集合。Values $= \{v_1, v_2, \cdots, v_{m+p}\}$，其中任务数为 $m + p$，即新任务与原调度方案任务数之和。

disturb$_i$：布尔变量，表示任务 t_i 是否受到扰动，是则为 1，否则为 0，其中 $t_i \in$ OriginTasks。

$x_{i,j}^k$：布尔变量，表示任务 t_i 是否在时间窗口 $tw_{i,j}^k$ 内执行，是则为 1，否则为 0。

tc_i：表示卫星遥感器的相邻任务间切换时间，即 tc_i 表示卫星 s_i 的遥感器转换时间。由于之前假设一个卫星只携带一种传感器，那么 $s_i \in S$。

d_i：表示任务 t_i 需要满足的持续观测时间。其中，$t_i \in$ NewTasks $\cup$ OriginTasks。

a_i：表示任务 t_i 到达的时刻点。其中，$t_i \in$ NewTasks $\cup$ OriginTasks。

e_i：表示任务 t_i 必须在此之前完成，即任务的完成截止期限。其中，$t_i \in \text{NewTasks} \cup \text{OriginTasks}$。

$t\text{min}_i$：表示卫星 s_i 的遥感器最小开机时间。

$t\text{max}_i$：表示卫星 s_i 的遥感器最长开机时间。

6.2.3 任务动态调度模型

卫星动态调度问题可描述为：已知卫星资源 S，在动态调度决策时刻点 T_d，有一批新任务集 NewTasks 需要插入到原调度方案中 OriginTasks。在满足成像任务各种约束条件下，获取尽量大的任务总价值，由于动态调度问题需要满足时效性，所以应保证尽量快的制定出新的调度方案，并保证新方案与原调度方案的差异性越小越好。

针对对地观测卫星在执行初始调度方案的过程中经常遇到的各种突发事件的情况，分析导致动态调度的主要扰动因素以及主要的约束条件，并将其归为一类复杂约束下的新任务插入问题，以最大化完成任务优先级之和，并将对原调度计划调整最小作为另一个目标,建立了具有两级优化目标的动态约束满足问题模型。

卫星对地观测动态调度问题可以描述为八元组：

$< \text{SimTime}, S, T_d, \text{OriginTasks}, \text{NewTasks}, \text{TimeWindows}, \text{Constraints}, \text{Values} >$

其中部分标识含义如下：

SimTime 为整个仿真周期，$\text{SimTime} = [t_b, t_e]$，$t_b$ 表示仿真周期起始点，t_e 表示仿真周期结束点；

TimeWindows 为所有任务的时间窗口集，即 Time Windows $= \{tw_1, tw_2, \cdots, tw_{m+p}\}$。

Constraints 表示任务所要满足的所有约束集。

优化目标函数如下：

$$\max(F) = \sum_{i=1}^{m+p} \sum_{j=1}^{n} \sum_{k=1}^{q_{i,j}} x_{i,j}^k v_i \qquad (6\text{-}1)$$

$$\min(D) = \sum_{i=1}^{m} \text{disturb}_i \qquad (6\text{-}2)$$

式(6-1)为第一级目标，表示最大化完成任务总权值，反映了调度方案整体的收益。式(6-2)为第二级目标，表示最小化受干扰的原计划任务数目，反映了新任务对原调度方案的震荡程度。

约束条件如下：

$$\sum_{j=1}^{n}\sum_{k=1}^{q_{i,j}} x_{i,j}^{k} \leqslant 1, \forall i \in \text{OriginTasks} \cup \text{NewTasks} \tag{6-3}$$

$$[st_i, et_i] \subset \bigcup_{k=1}^{q_{i,j}} tw_{i,j}^{k}, et_i - st_i \geqslant d_i, \text{ if } \sum_{k=1}^{q_{i,j}} x_{i,j}^{k} > 0 \tag{6-4}$$

$$st_i \geqslant a_i \text{ and } et_i \leqslant e_i, \text{if } \sum_{j=1}^{n}\sum_{k=1}^{q_{i,j}} x_{i,j}^{k} > 0 \tag{6-5}$$

$$et_i + tc_j \leqslant st_{i'}, \text{ if } st_i \leqslant st_{i'} \text{ and } \sum_{k=1}^{q_{i,j}} x_{i,j}^{k} > 0 \text{ and } \sum_{k=1}^{q_{i',j}} x_{i',j}^{k} > 0 \tag{6-6}$$

$$x_{i,j}^{k} x_{i',j}^{k} (st_i - et_{i'})(et_i - st_{i'}) > 0, \text{ if } \sum_{k=1}^{q_{i,j}} x_{i,j}^{k} > 0 \text{ and } \sum_{k=1}^{q_{i',j}} x_{i',j}^{k} > 0 \tag{6-7}$$

$$t\min_j \leqslant (et_i - st_i) \leqslant t\max_j, \text{ if } \sum_{k=1}^{q_{i,j}} x_{i,j}^{k} > 0 \tag{6-8}$$

式 (6-3) 表示每个任务最多被某颗卫星执行一次，如图 6-1 所示。虽然任务 i 在资源 1 上有两个可见时间窗口，在资源 2 上有一个可见时间窗口，在资源 3 上有一个可见时间窗口，但任务最多只被某个资源执行一次，因此，任务 i 只能被这四个可见时间窗口中的某一个执行。

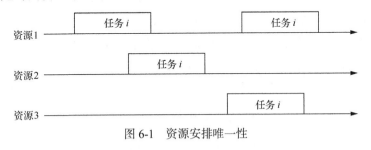

图 6-1　资源安排唯一性

如果任务 i 被成功安排在资源 i 的绿色部分，对于同一资源上和其他资源上的任何位置都不能再安排任务 i。

式 (6-4) 表示每个任务的执行时间必须在可见时间窗口内，且满足相应的持续时间，如图 6-2 所示。

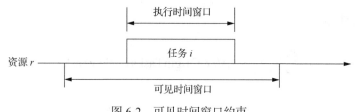

图 6-2 可见时间窗口约束

式(6-5)表示为了保证任务的时效性，每个任务必须安排在其规定的截止时间之前，如图 6-3 所示。虽然任务 1 在资源 1、资源 2 及资源 3 上均有两个不同的时间窗口，但考虑到任务的截至期限，实际上，任务在各个资源上的有效时间窗口均只有一个，各个资源上位于任务的截至期限之后的时间窗口均为无效时间窗口。

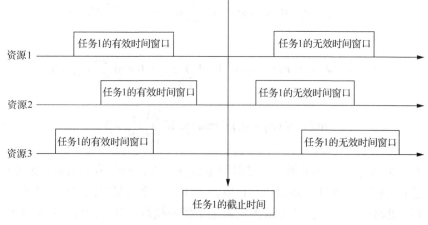

图 6-3 任务截至期限约束

式(6-6)表示在同一个卫星上相邻的两个被安排任务，必须满足相应的转换时间，以保证卫星有足够的时间完成姿态转换，如图 6-4 所示。

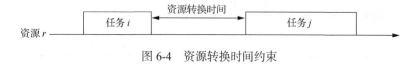

图 6-4 资源转换时间约束

式(6-7)表示一颗卫星资源在同一时刻只能完成一个任务。

式(6-8)表示任务的执行时间必须大于等于卫星有效载荷最短开机时间并且小于等于最长开机时间。

6.3 算法详细设计

对地观测卫星动态调度问题实质是在满足各项约束条件的前提下，为各项任务合理分配卫星资源以及确定执行起止时间。虽然可以撤销原方案，利用整体重新规划调度的方法对所有的任务进行新的分配，理论意义上能得到全局最优解，但是这种方式没有充分利用原调度方案的优良特性，而且处理数据规模过大，无法满足时效性要求，并且产生的新调度方案对原调度方案干扰过大，不利于后续工作的开展。卫星星座具有多颗在轨卫星，因此一个地面点任务在卫星观测周期内会具有多个不同的时间窗口，而一个任务真正的执行时刻点是需要从众多的时间窗口中选择出一个时间窗口，然后在该窗口内确定出具体的时刻点进行执行。本章基于对地观测卫星任务安排中两个关键过程，即可见时间窗口的选取和执行时刻点的确定，进行了仔细分析，给出了两种比较合理的启发因子，并将其加入了设计的启发式算法——ISDA 算法。

6.3.1 启发因子设计

1. 可见时间窗口拥挤度

可见时间窗口拥挤度，是指当将任务 i 安排在某个可见时间窗口后，对其他未安排新任务可能造成的干扰程度，以及对原调度方案中已安排任务干扰之和，计算公式如式(6-9)所示：

$$\text{Con}_i^k = \sum_{i'=1}^{|\text{NT}|} \sum_{j=1}^{n} \sum_{k'=1}^{q_{i',j}} \frac{g(tw_{i,j}^k, tw_{i',j}^{k'})}{we_{i',j}^{k'} - ws_{i',j}^{k'}} + \lambda \sum_{i'=1}^{|\text{OT}|} \sum_{j=1}^{n} \frac{h(tw_{i,j}^k, st_{i',j''}^{k''}, et_{i',j''}^{k''})}{et_{i',j''}^{k''} - st_{i',j''}^{k''}} \tag{6-9}$$

式中，NT 为新任务集中所有在衡量任务 t_i 时还未安排的任务；OT 为原调度方案任务集；λ 为权衡对新任务和原任务干扰程度比重因子，根据需要进行调整，本章中取 $\lambda = 2$。

$g(tw_{i,j}^k, tw_{i',j}^{k'})$ 和 $h(tw_{i,j}^k, st_{i',j''}^{k''}, et_{i',j''}^{k''})$ 分别表示为

$$g(tw_{i,j}^k, tw_{i',j}^{k'}) = \begin{cases} 0, & wt_{i,j}^k \cap wt_{i',j}^{k'} = \Phi \\ \min(we_{i,j}^k, we_{i',j}^{k'}) - \max(ws_{i,j}^k, ws_{i',j}^{k'}), & \text{other} \end{cases} \tag{6-10}$$

$$h(tw_{i,j}^k, st_{i',j''}^{k''}, et_{i',j''}^{k''}) = \begin{cases} 0, j \neq j'' \text{ or } k \neq k'' \\ \min(we_{i,j}^k, et_{i',j''}^{k''}) - \max(ws_{i,j}^k, st_{i',j''}^{k''}), \text{ other} \end{cases} \tag{6-11}$$

2. 执行时刻点重叠度

每个任务都需要确定它的执行开始时刻和结束时刻，而每个任务的持续时间是一定的，那么只需要确定每个任务的开始时刻即可。若按照最早开始原则选择，有些情况会导致有些任务无法执行。如图 6-5 所示，在同一个资源 r 上，若选择最早开始原则安排任务 j，那么后续任务 i 在该资源上的时间窗口将无法分配时间段执行观测。若按图 6-6 方式安排任务 j，那么任务 i 和任务 j 均能得到安排。由此引入第二个启发因子，即执行时刻点重叠度。

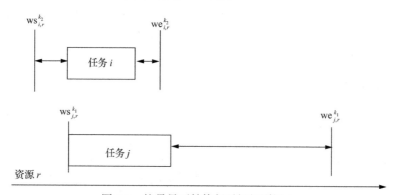

图 6-5　按最早开始执行时间规则插入

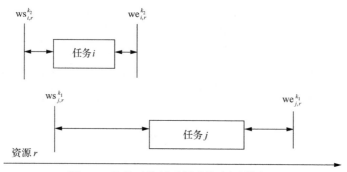

图 6-6　按基于执行时刻重叠度规则插入

执行时刻点重叠度，是指任务 i 在卫星 r 某个可见时间窗口 $[ws_i, we_i]$ 内，从 ws_i 开始，针对每个时刻点 t_i 尝试安排，计算每种情况下任务 i 与其他任务产生的重叠度。计算完毕后，选择重叠度最小的时刻点安排任务 i。计算公式如下：

$$\text{Overlap}_{i,r}^{t_i} = \sum b_j \qquad\qquad (6\text{-}12)$$

式中，b_j 为布尔变量，当任务 j 可能在卫星 r 的时刻点 t_j 安排时为 1，否则为 0。

6.3.2 启发式 ISDA 算法设计

1. 预处理

如图 6-7 所示，在每个动态调度时刻点，我们将所有任务划分为三种类型：已执行任务、安排但尚未执行的任务及新生成的任务。已经完成的任务将不再考虑调度。已安排的任务表示在该调度方案中尚未执行的任务，而新任务表示新到达的任务，或者因为不满足约束条件而导致某些任务暂时没有安排进入初始方案中。因此在某个动态决策时刻点，所有此时刻之前的任务称为已完成任务集合，之后已安排的任务称为已安排任务集合，新任务称为新任务集合（Wang et al.，2014）。

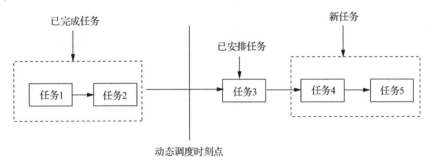

图 6-7　动态调度预处理过程

因此在预处理过程中，主要完成三大任务：
(1)将动态调度时刻点以前的任务安排为已完成；
(2)删除动态调度时刻点以前的任务时间窗口；
(3)删除不满足任务成像时长的时间窗口。

2. ISDA 算法

算法：　ISDA

Step1：设需要动态插入的新任务集合 NewTask 中共有 N 个任务，将这个 N 个任务降序排列。

Step2：令 $i = 1$。

Step3: 选择 NewTask 集合中第 i 个任务，计算任务 i 每个可见时间窗口的拥挤度，并按非降序原则排列。

Step4: 按排序后的可见时间窗口顺序，依次考察每个可见时间窗口，计算该时间窗口内每个时刻点的重叠度，并按非降序原则排列。依次考察排序后每个时刻点，尝试无冲突的直接插空安排任务 i，若成功，则转 Step3；否则，转 Step5。

Step5: 分别计算任务 i 插入到每个可选时刻点后，与任务 i 相冲突的已安排任务的数目。设任务 i 共有 m_i 个可选时刻点，则得到任务 i 的任务冲突数向量 $\Delta N_i = [\Delta n_1, \Delta n_2, \cdots, \Delta n_{m_i}]$，并记录相应的任务冲突集，并按非降序排列 ΔN_i。

Step6: 依次从小到大考察 ΔN_i（为了保证对原调度方案扰动最小），令 $k=1$。

Step7: 选择 Δn_k，若 $k > m_i$，则转 Step8，否则将任务 i 安排到此时所选择的时刻点，将此时与任务 i 冲突的所有任务集移位，移位的原则是在不删除任何任务的前提下，将这些冲突任务重新安排。若成功，则转 Step3。否则，恢复任务 i 插入前的状态，$k= k+1$，转 Step7。

Step8: 分别计算 ΔN_i 中每个相应任务冲突集的任务价值之和 $\Delta W_i = [\Delta w_1, \Delta w_2, \cdots, \Delta w_{m_i}]$，选择 ΔW_i 中价值和最小的 Δw_k（为了保证最大化收益总值），如果任务 i 的权值小于等于 Δw_k，表示任务 i 不能替代相应的冲突任务集，那么删除任务 i，并将其加入任务集 Delete，转 Step3；否则，将相应的任务冲突任务集加入优先级队列 Q 中（Q 的排序准则是按任务权值从小到大排序）。

Step9: 循环处理 Q 中每个任务，若队列为空则转 step10，否则取出队首元素 j，若无冲突直接安排任务 j 成功，那么继续处理下一个队首元素；否则，找出与任务 j 冲突的最小权值任务集 Δw_j，若任务 j 的权值大于 Δw_j，那么任务 j 安排成功，并将与任务 j 冲突的任务加入 Q 中，继续处理下一个队首元素；否则删除任务 j，并将其加入任务集 Delete，继续处理下一个队首任务。

Step10: 若 $i \geqslant N$，转 Step11；否则，$i=i+1$，转 step3。

Step11: 遍历 Delete 任务集中每个任务 t，如果 t 能够无冲突的直接插空安排，那么分配 t 相应的资源和时间；否则，删除任务 t。

Step12: 结束算法流程，输出动态规划结果。

其中，关键 Step4 任务直接插入过程的流程图如图 6-8 所示。

关键 Step7 任务移位插入过程示意图如图 6-9 所示（插入任务 k 在不同执行窗

口下的情况)。由此可知，如果要将动态任务 k 插入在资源 r 的执行窗口 1，则此时与任务 4 及任务 5 在资源 r 上的执行时间窗口冲突，为了能够将动态任务 k 插入在资源 r 的执行窗口 1 上，此时必须将任务 4 及任务 5 的执行时间窗口在其可见时间窗口范围内移动到对应的虚线框内的时间段。同样，如果要将动态任务 k 插入在资源 r 的执行窗口 2，则此时与任务 1、任务 2 及任务 3 在资源 r 上的执行时间窗口冲突，为了能够将动态任务 k 插入在资源 r 的执行窗口 2 上，此时必须将任务 1、任务 2 及任务 3 的执行时间窗口在其可见时间窗口范围内移动到对应的虚线框内的时间段。

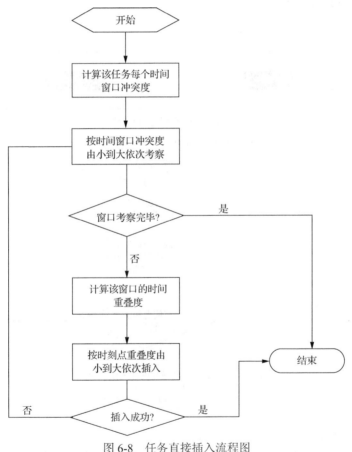

图 6-8　任务直接插入流程图

关键 Step8 任务替换插入过程流程图如图 6-10 所示。

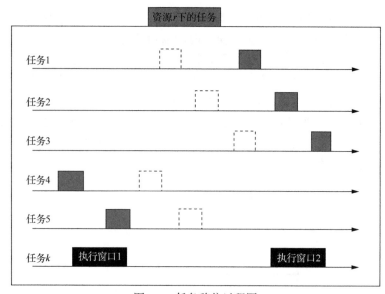

图 6-9　任务移位过程图

虚线空白框表示移位后时间窗口的位置

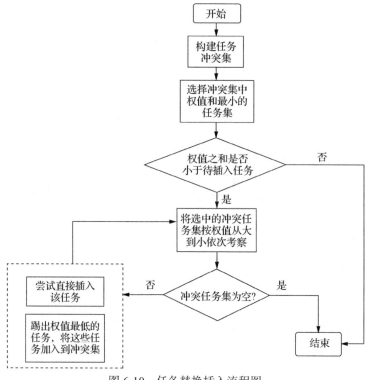

图 6-10　任务替换插入流程图

3. ISDA 算法流程图

综合以上描述，ISDA 算法总体流程如图 6-11 所示。

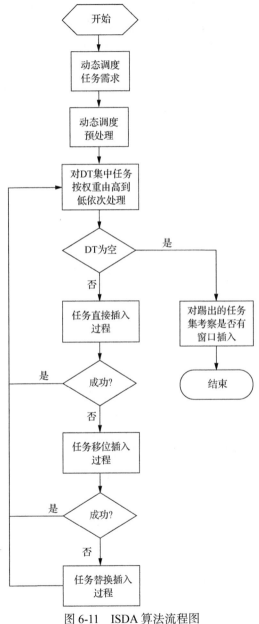

图 6-11　ISDA 算法流程图

6.3.3 启发式迭代法

为了便于在后一小节与本章设计的 ISDA 算法的性能比较，本章介绍文献 (Wu et al.，2012)中提出的启发式迭代算法并将启发因子加入其中。该方法将新任务根据优先级从小到大排序添加到一个队列当中，选择由小到大排序的原因是，优先级高的任务可以剔除优先级低的任务，假设我们先安排优先级高的任务，那么当高优先级任务占据了低优先级任务仅有的时间窗口的时候，低优先级任务无法再安排，而当我们采用从小到大排序的时候，先安排优先级低的任务，当安排优先级高的任务时，如果它还有其他时间窗口，那么可以同时安排进去，假如没有剩余，也可以剔除低优先级任务得以安排。被删除的任务重新加入队列当中，然后不断循环取出任务，尝试直接插空，或者删除低优先级任务安排。

算法流程图如图 6-12 所示。

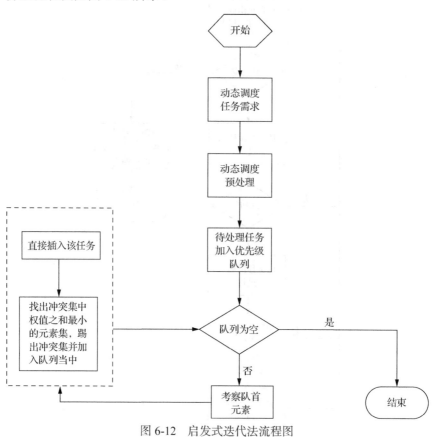

图 6-12 启发式迭代法流程图

6.4 实验与分析

6.4.1 运行环境参数

程序运行相应的配置如表 6-1 所示。

表 6-1 程序运行相关配置属性

名称	属性
操作系统	Windows XP
系统类型	32 位操作系统
处理器	Pentium (R) Dual–Core CPU, E6600 @3.06GHz 3.07GHz
内存	4.00GB (3.50GB 可用)
编程语言	C++
编程平台	Microsoft Visual Studio 2008

6.4.2 实验数据生成

1. 卫星资源参数（表 6-2）

表 6-2 卫星参数设置

卫星名	长半轴/m	偏心率	轨道倾角/(°)	升交点赤经	近地点幅角/(°)	平近点角/(°)	传感器最大张角/(°)	图像类型
Sat-1	7193.589939	0.002344	98.726	107.085	77.105	184.659	30	多光谱
Sat-2	7069.315052	0.000753	98.257	195.388	72.149	231.877	30	多光谱
Sat-3	6826.167581	0.001063	97.326	76.800	81.466	136.42	30	多光谱
Sat-4	6891.832242	0.002011	97.325	333.934	237.611	112.260	30	多光谱
Sat-5	7046.723002	0.000919	98.138	178.688	80.162	244.539	30	多光谱

2. 仿真周期

起始时间：2013 年 4 月 20 日 00 时 00 分 00 秒；
结束时间：2013 年 4 月 21 日 00 时 00 分 00 秒。

3. 动态调度时刻点

动态调度时刻点的选择首先必须在仿真周期内，如果设置的太靠前，不能验证预处理部分的工作，如果设置太靠后，那么原调度方案中很多任务就会按原计划进行，新任务由于没有时间窗口也大量的被直接淘汰，会大大降低任务间的冲突度，所以此处我们将动态调度时刻点设置为 2013 年 4 月 20 日 06 时 00 分 00 秒。

4. 原调度方案的生成

本章是在已有调度方案的基础上插入新任务进行的研究，因此需要提供一个初始调度方案。原调度方案选择使用遗传算法生成。目标点任务主要集中在中国地区，经度范围[76°E,131°E]，纬度范围[21°N,48°N]，如图 6-13 中矩形范围。

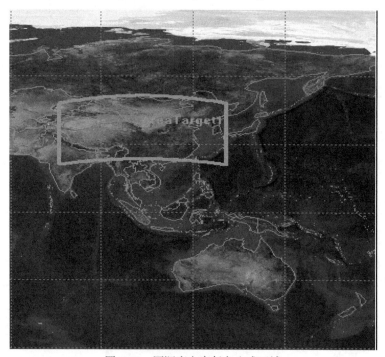

图 6-13　原调度方案任务生成区域

在该区域中一共随机生成 145 个地面点目标，部分目标数据如下表，其中部分数据 UTC 时间是与仿真初始时刻的 UTC 时间相减所得结果，如表 6-3 所示。

表 6-3 **点目标任务属性**(共 145 个, 此表为部分任务数据)

任务名	经度/(°)	纬度/(°)	成像时长/s	权重	成像类型	截止日期 /UTC, s
PointTarget-136	121.483	31.2333	12	14	多光谱	86400
PointTarge-140	126.683	45.75	8	11	多光谱	86400
PointTarge-144	128.917	47.7	10	14	多光谱	86400
PointTarge-148	131.35	46.6	12	11	多光谱	86400
PointTarge-170	109.967	40.5833	14	11	多光谱	86400
PointTarge-221	88.15	39	10	14	多光谱	86400

利用遗传算法生成的调度方案数据部分如下, 如表 6-4 所示。

表 6-4 **原调度方案**(共 145 个, 此表为部分任务数据)

任务名	经度/(°)	纬度/(°)	成像时长 /s	权重	资源名	开始执行时间 /UTC	执行结束时间 /UTC
PointTarget-136	121.483	31.2333	12	14	Satellite–3	10220	10232
PointTarge-140	126.683	45.75	8	11	Satellite–2	47012.7	47020.7
PointTarge-144	128.917	47.7	10	14	Satellite–2	7016.38	7026.38
PointTarge-148	131.35	46.6	12	11	Satellite–2	6982.64	6994.64
PointTarge-170	109.967	40.5833	14	11	Satellite–5	52641.8	52655.8
PointTarge-221	88.15	39	10	14	Satellite–4	10603	10613

5. 动态任务集的生成

为了加大任务间的冲突度来体现算法的时间效率, 本章将新任务的产生范围局限在经度范围[75°E, 120°E], 纬度范围[20°N, 45°N]。如图 6-14 中黑色矩形范围: 在该区域内, 一共产生 200 个新任务, 部分数据如表 6-5 所示。

图 6-14 新任务生成的范围区域

表 6-5 动态产生的新任务参数 (共 200 个, 此为部分数据)

任务名	经度/(°)	纬度/(°)	成像时长/s	权重	成像类型	截止日期/UTC
Pointtarget-328	86	31	14	86	多光谱	86400
Pointtarget-329	96	28	16	103	多光谱	86400
Pointtarget-330	110	30	12	93	多光谱	86400
Pointtarget-331	110	40	12	62	多光谱	86400
Pointtarget-332	75	39	16	61	多光谱	86400
Pointtarget-333	82	21	12	63	多光谱	86400

6.4.3 实验结果对比分析

为了验证启发因子本身设计的有效性, 本章从两种设计的算法中分别加入和不加入启发因子两种情况进行对比, 为了方便对以下实验结果管理, 做以下名称替换:

(1) 表示未加任何启发式策略的改进迭代法；

(2) 表示加了时间窗口拥挤度，以及基于重叠度的开始执行时间启发因子的改进迭代法；

(3) 表示没有加入任何启发因子的 ISDA 算法；

(4) 表示在直接插入过程、移位插入过程和替换插入过程中均加入了两种启发因子的 ISDA 算法。

根据表 6-6 中插入 11 个新任务到原始调度方案(145 个任务)的结果可分析得出以下结论：

(1) 当动态任务数较少的时候，加与不加启发因子对任务完成数量影响不大，原因是冲突度不够大，任务基本都能插空完成；

(2) 两种算法中，不加入启发因子都要快于加入启发因子的情况，原因是利用启发因子进行预防冲突会占用运算开销。

表 6-6　插入 11 个新任务到原调度方案(145 个)中

实验名	完成紧急任务数	完成原计划任务数	原计划干扰数	完成总价值	总时间/s
1	11	145	0	2726	0.093
2	11	145	0	2726	0.5
3	11	145	0	2726	0.031
4	11	145	0	2726	0.421

根据表 6-7 中插入 21 个新任务到原始调度方案(145 个任务)的结果可分析得出以下结论：

(1) 可以看出每种情况都全部完成了任务，所以任务间的冲突度很小；

(2) 从对原计划干扰上分析，也并无很大差别；

(3) 仅从时间上可以看出，启发因子的设计在任务冲突度很小时作用不大，反而耗费了更多时间。

表 6-7　插入 21 个新任务到原调度方案(145 个)中

实验名	完成紧急任务数	完成原计划任务数	原计划干扰数	完成总价值	总时间/s
1	21	144	2	3631	0.438
2	21	145	2	3641	1.875
3	21	144	3	3641	3.869
4	21	145	2	3641	1.139

根据表6-8中插入101个新任务到原始调度方案(145个任务)的结果可分析得出以下结论:

(1)看出改进迭代法要快于ISDA算法,是因为ISDA算法运用了更多避免冲突的处理;

(2)ISDA算法在完成任务总价值上都要优于改进迭代法,使得更多的任务得以完成,可以见得ISDA算法的三种任务安排策略确实有效避免了冲突的产生以保证更多任务完成;

(3)对于同一算法而言,加入启发因子在完成新任务数量、原计划任务数量、对原计划任务干扰度方面都表现得比不加入启发因子更优异,但在启发策略上消耗了更多的时间。

表 6-8 插入 101 个新任务到原调度方案(145 个)中

实验名	完成紧急任务数	完成原计划任务数	原计划干扰数	完成总价值	总时间/s
1	80	124	17	10299	47.562
2	85	137	15	10332	68.766
3	90	125	33	10350	60.184
4	101	143	32	10396	77.069

根据表6-9中插入201个新任务到原始调度方案(145个任务)的结果可分析得出以下结论:

(1)可以看出改进迭代法运行时间要快于ISDA算法;

(2)同样的算法,当任务冲突度比较大时,加入启发因子的算法在完成新任务数与执行完成的原始调度方案任务数,以及对原调度任务的干扰度上,都表现出比不加启发因子更好的结果,在完成时间上可以看到ISDA算法的启发因子较好地避免了冲突,减小了执行开销;

表 6-9 插入 201 个新任务到原调度方案(145 个)中

实验名	完成紧急任务数	完成原计划任务数	原计划干扰数	完成总价值	总时间/s
1	171	80	90	17141	58.422
2	181	120	40	18468	95.875
3	178	103	57	17867	213.178
4	191	135	35	18750	115.383

(3) IDSA 算法在任务收益方面要优于改进的迭代法，证明当任务间冲突度很大时，本章设计的三种安排策略表现优异。

6.4.4 数据仿真与评估

为了对调度方案进行可视化展示与评估，本章将所研究内容加入到自主研发的卫星任务调度仿真软件中，下面就给出相应的图解。

1. 系统主界面

系统主界面也是各功能模块的连接枢纽，负责系统各模块之间的数据传输和信息交换，并控制系统的运行逻辑。系统主界面如图 6-15 所示。

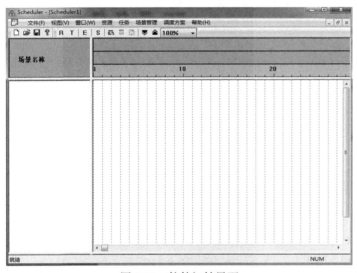

图 6-15　软件初始界面

1) 菜单栏

(1) 资源：包括卫星、传感器和地面站等资源的添加修改和删除操作，以及资源的可用性、利用率和容量的属性报表和评估报表。

(2) 任务：包括点目标和区域目标的添加、修改和删除，以及任务覆盖情况和完成情况等各项指标的图表显示。

(3) 场景管理：包括想定管理、星地可见时间窗口计算、目标覆盖情况分析、调度规划操作、应急调度操作、星座和调度方案的性能评估、与 CSTK 的相互通信接口。

(4) 调度方案：包括调度预处理结果和调度方案的可视化展现，按任务名称和执行时间顺序排序，并以图形和报表的方式进行仿真。

2) 工具栏

工具栏包含了调度规划过程中常用到的一些便捷操作。

3) 可视区

(1) 场景名称等信息。

(2) 仿真周期时间轴。该时间轴单位步长可根据实际要求随时调整(第一行单位为天，第二行单位为小时，第三行单位最小可精确到秒)。

(3) 任务列表区。当在场景中添加任务后会实时在任务列表中进行更新，同时对调度方案和应急方案操作后的所有任务的变化情况用不同颜色标记，可以直观地展现各任务的不同状态，同时，鼠标左键点击对应的任务会弹出提示框，显示该任务的详细执行过程和执行状态。

(4) 任务执行状态区。该区域用小矩形框的方式描述任务在整个仿真周期内的星地可见情况和经过调度规划后的任务执行时间窗口。

(5) 资源列表区。当在场景中添加卫星传感器任务后会实时在资源列表中进行更新，同时用不同颜色标记了资源的可用状态。

(6) 资源利用状态区。在整个仿真周期内每一项资源的可用时间段范围和经过调度规划后，所有在这一项资源执行的任务的时间窗口集合。

2. 初始调度方案

打开一个初始调度方案，本章直接从一个已有文件打开某一个初始场景并使用遗传算法生成初始调度方案，如图 6-16 所示。

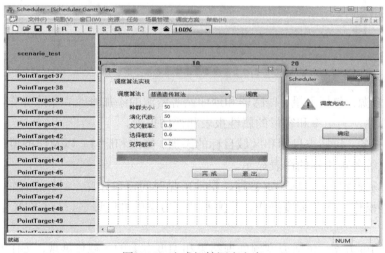

图 6-16　生成初始调度方案

该系统实现了调度规划结果的 Gantt 图显示，针对本次测试实例，调度规划结果如图 6-17 所示。从 Gantt 图的任务列表中可以看到每个任务的具体完成情况，灰色阴影框表示完成，空白框表示未完成，在右侧的时间窗内，空白框表示对应目标的所有可见的时间窗口，灰色阴影框代表执行时间窗口。鼠标左键点击左侧区域点目标的灰色阴影框区域，可以看到该目标的具体被执行情况，包括成像卫星和传感器，以及为其分配的执行时间窗口。如果该任务没有被完成，则同样会显示该任务未被完成的原因(包括没有时间窗口、成像类型不满足、资源冲突等)。在资源列表区可以看到执行该调度操作的场景资源，以及各项资源对应的可用状态，灰色阴影框代表可用，空白框代表当前不可用。在调度方案的 Gantt 图显示上，实现了时间窗口的缩放功能，通过点击工具栏上的向上和向下的箭头可以对单位时间步长进行缩放操作，以便于用户分析和查看。

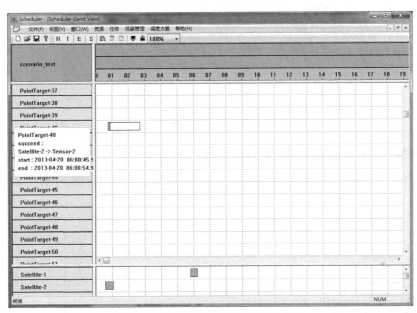

图 6-17　初始调度方案生成后的信息

3. 添加点目标

读入新任务集，选择从文件批量读入，文件名为 emergency.txt(图 6-18)。

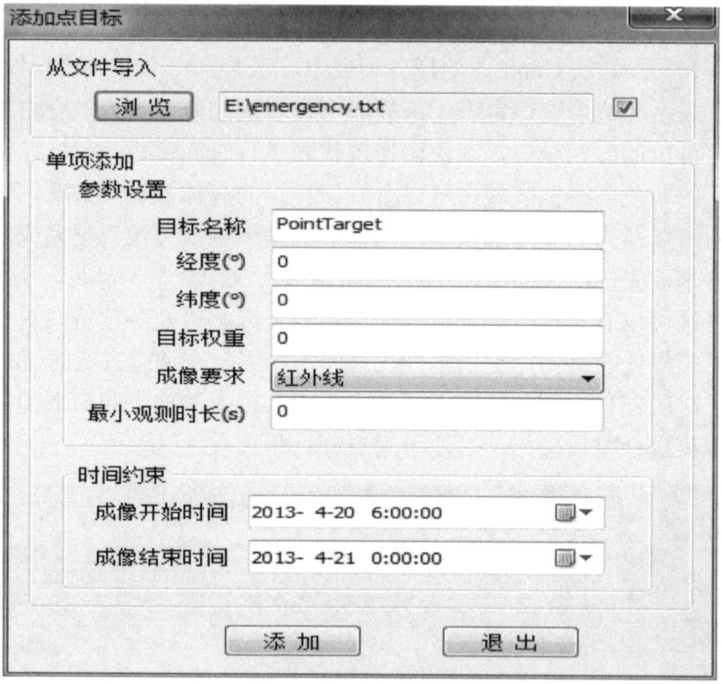

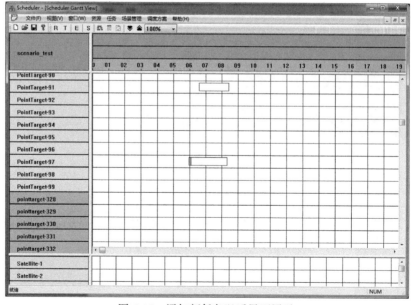

图 6-18　添加动态新任务

刚加入的新任务由于未进行调度安排，所以呈现灰色，如图 6-19 所示。

图 6-19　添加新任务以后界面展示

4. 新调度方案

使用 ISDA 算法进行调度得到新调度方案，算法选择界面如图 6-20 所示。

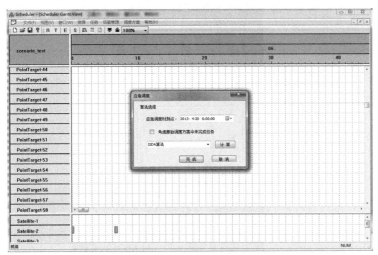

图 6-20　利用动态任务调度算法产生新调度方案

计算完成后，显示新的调度方案，如图 6-21 所示。对于原调度方案任务来说：ShiJiaZhuang、NanChang、JiNan、LaSa 等任务完成，HuHeHaoTe、XiNing 等任务为原始任务且完成但是有变动，ZhengZhou、WuHan、TaiYuan、XI_An、YinChuan、LanZhou 等任务之前为完成状态，但应急调度后变成未完成。新任务只有两种：灰色阴影框代表完成，灰色代表未完成。

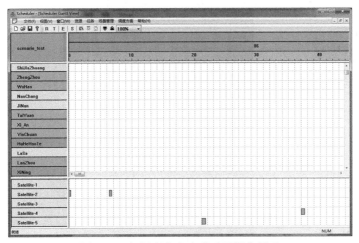

图 6-21　新调度方案生成后可视化展示

5. 对新调度方案进行性能评估

(1)点目标覆盖间隔分析如图 6-22 所示，提供了在整个仿真周期内，调度规划中每个点的最大覆盖时间时长和平均覆盖时长，以及最小覆盖时长。

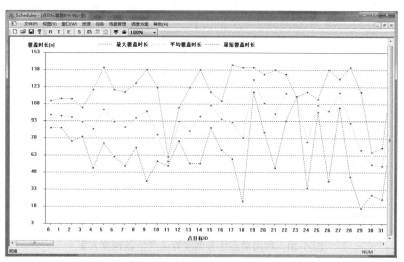

图 6-22　点目标覆盖时长统计

(2)点目标覆盖率分析图如图 6-23 所示，提供了调度规划中每个点的每重覆盖的百分比，覆盖百分比是仿真周期内该目标能被覆盖的总时长和仿真周期的比值。

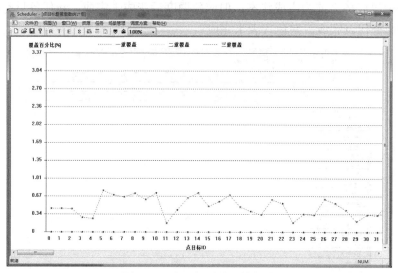

图 6-23　点目标覆盖重数统计

(3) 点目标覆盖间隙统计如图 6-24 所示。

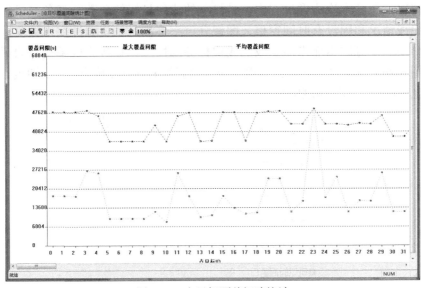

图 6-24 点目标覆盖间隙统计

(4) 卫星星座对地观测动态能力评估的实现分为调度方案验证、任务完成情况、资源使用情况和时效性四项基本操作。首先，验证给定的调度方案是否满足资源和任务的各项操作约束，各项操作约束可以直接通过对话框进行勾选，在验证调度方案正确性的基础上，进一步分析对于指定的场景和用户需求，是否存在因资源冲突未完成的任务可在该调度方案的基础上完成，如图 6-25 所示。

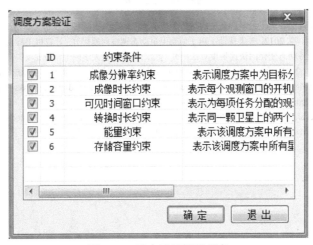

图 6-25 约束满足情况判定

（5）任务评估模块展示了在当前给定资源、任务和约束条件的情况下的任务完成情况。包括本次成像过程中，带权重的成像目标的总数、任务完成理论上限、完成情况和因没有时间窗口、图像分辨率不满足、资源冲突未被安排、时间窗口不满足等因素而未能完成的成像任务的情况。任务完成率指标的评估结果如图 6-26 所示，图表示经过调度引擎模块获得的任务完成率结果。通过点击详细信息可以查看本次调度的最优结果。

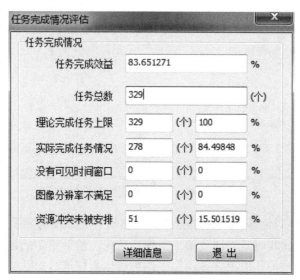

图 6-26　任务总体完成评估情况

参 考 文 献

郭玉华. 2009. 多类型对地观测卫星联合任务规划关键技术研究. 长沙:国防科学技术大学博士学位论文
邱涤珊, 黄维, 黄小军, 等. 2012. 多类扰动下电子侦察卫星动态调度问题研究. 计算机工程与应用, 48(5): 239-243
王雷雷. 2014. 卫星任务动态变化的快速调度算法研究. 武汉:中国地质大学硕士学位论文
祝江汉, 黄维, 李建军. 2011. 面向新任务插入的电子侦察卫星任务规划方法. 火力与指挥控制, 36(7): 174-177
Wang M, Dai G, Vasile M. 2014. Heuristic scheduling algorithm oriented dynamic tasks for imaging satellites. Mathematical Problems in Engineering, 234928: 1-11
Wu G, Ma M, Zhu J, et al. 2012. Multi-satellite observation integrated scheduling method oriented to emergency tasks and common tasks. Journal of Systems Engineering and Electronics, 23(5): 723-733

第7章 卫星调度性能评价及系统研发

7.1 概　　述

7.1.1 研究背景

遥感卫星是利用星载传感器从太空中获取地面图像信息的对地观测卫星，具有运行时间长、覆盖范围广、不受空域和国界限制等优势。目前遥感卫星在军事侦察、资源勘探、环境保护、灾害防治，以及气象观测等许多领域都发挥了重要的作用，同时也得到世界各国的高度重视，并开始竞相发展自己的航天技术，从而获取我们所需要的各类地球遥感卫星数据。

卫星星座的普遍应用使星座设计问题成为十分重要的研究课题。在遥感卫星应用过程中，针对大量的任务请求，卫星地面任务管理系统根据成像任务的需求信息(如目标位置、权值、优先级、分辨率和成像时间约束等)，卫星及载荷的属性信息(如卫星有效载荷状态、卫星轨道预报等)，以及约束条件(相邻观测活动最小切换时间约束、传感器最大侧摆角度约束、最多侧摆次数约束、星载存储器最大容量约束、能量约束及太阳高度角约束等)进行任务规划(贺仁杰等，2011)，然后根据任务规划结果生成载荷控制指令；确认无误后，将载荷控制指令由地面测控设备发送给成像卫星，再由成像卫星执行指令；最后将获得的成像数据结果发送给地面接收设备，地面相应的应用系统对其进行处理，再将处理后的数据发送给用户。可见，星座设计的优劣直接影响到系统的实际应用效能。

卫星星座系统优化设计是指包括卫星系统配置参数和星座构形等技术指标在内的系统总体设计。在卫星星座系统设计中，通过建立星座的构建成本和系统性能模型，能够比较准确地反映出星座系统的构建成本与卫星关键载荷配置参数的关系。同时，这些关系也与星座的轨道参数相关(戴光明和王茂才，2009)。因此，在进行星座系统设计时，还需要在构建成本、系统性能及技术可靠性上进行权衡和优化，从而使得设计者进行全面、科学、合理的决策(范丽，2006)。对于很多国家来讲，星座设计过程都需要投入巨大的人力、物力和财力，经济因素仍然是制约星座发展的主要因素，因此如何在满足系统性能的前提下尽量降低系统的总成本，是卫星星座系统设计阶段需要解决的重要问题(范丽和张育林，2006；项军华，2007)。

卫星星座系统优化设计需要考虑大量设计因素，是一个复杂的、反复迭代的过程，设计中各操作约束和大量需要优化的载荷配置参数也增加了问题求解的复杂性。针对特定的设计子任务要求，最好的星座系统应该是在满足用户需求的前提下，所需卫星数目最少且发射成本最低的星座(张育林等，2008)；然而，在低轨卫星星座优化设计中，考虑到云层影响和目标成像分辨率要求，轨道高度应该较低，但这样又会导致需要更多的卫星才能满足设计需求，且在考虑到覆盖重数和通信链路的约束下，得到的结果又会不同。

卫星设计和星座构形设计是相互关联的，在星座设计过程中，能够充分反映卫星和星座之间相互影响、相互制约的关系，尤其在成像侦察、天基雷达这类星座系统设计中较为突出，这类星座中卫星的关键载荷参数对星座构形参数较为敏感，构形设计的结果可能会影响到单颗卫星的成本。对于通信卫星星座而言，轨道高度存在数百千米的差异对于通信载荷变化和系统构建成本的影响都不是很大；然而对于成像侦察和天基雷达这类星座，轨道高度的差异和星间相对位置设计对卫星载荷上的关键子系统的工作性能和效能都会产生较大的影响，使得星座系统的构建成本有很大差别，在这种情况下，为了改善星座系统性能，到底是通过调整轨道参数，还是改变星座构形，或是简单地增加卫星个数来提升系统性能，也是星座系统优化设计过程中一个需要权衡的问题。

随着现代卫星技术的迅速发展和应用普及，由多颗卫星组成的卫星星座在军事侦察、资源勘探、灾害监测、导航定位，以及环境保护等各个领域都扮演着越来越重要的角色。卫星科技的发展和应用已成为许多航天大国关注的热点和追求的目标，也极大地影响着国家的繁荣发展。然而，卫星星座的构建是一项耗费巨大人力、物力和财力的长期工程。在星座设计阶段，我们总是希望在最小化代价的情况下，使得星座性能和效益最优，并且最大程度的降低风险和延长星座的生命周期。

卫星星座优化设计是星座部署和运行的前提，设计结果很大程度上决定了星座系统的运行水平和应用能力。可见，在卫星星座系统设计阶段，建立一个卫星星座性能评估体系，对卫星系统的配置参数、星座构形等总体设计方案进行科学的评估和论证，可有效地反映所设计的星座的实际应用能力和效益，在星座优化设计过程中起着至关重要的作用，从而使得所设计的星座更加具有实际应用价值。

同时开发设计一个集星座构建、星座性能评估和分析、星座仿真于一体的决策支持软件，为相关领域的工程技术人员提供一个简单便捷的操作平台和应用环境，从而加快技术人员的工作效率。

7.1.2 星座设计研究现状

星座系统优化设计主要是在轨道高度、成像要求、通信质量等各项操作约束的前提下，对卫星系统的配置参数和星座几何构形的优化和确定，包括卫星数目、轨道面数、平面内卫星分布，以及卫星轨道倾角、轨道高度、轨道偏心率和载荷等各项系统配置参数。因此，多种智能优化算法在星座系统优化设计中得到了广泛的应用。

常见的卫星星座类型有(近)极地轨道星座，以及以 Walker 星座（Walker,1971）和 Rosette 星座（Walker,1982）等特殊构形为主的倾斜圆轨道星座、共地面轨迹星座、太阳和地球同步轨道星座和混合轨道星座，目前研究和应用最多的星座多为倾斜圆轨道星座。根据卫星的应用模式和航天任务需求，国内外航天学者进行了大量有关星座设计的研究。

以全球或者区域目标的覆盖性能作为总体性能指标，进行卫星星座系统优化设计。针对全球连续性覆盖问题，Mason 等(1998)采用多目标算法进行了星座优化设计。然而，实际情况中也存在很多任务只需要对特定国家或灾害多发区、人口密集区或一些敏感区域进行重点观测覆盖；针对这一类问题，Ely 等(1998)基于遗传算法研究了区域覆盖星座设计方法，在找出 Pareto 最优解集后，基于启发式方法继续利用局部搜索算法寻找最优解。Confessore 等(2000)也研究了利用遗传算法进行椭圆轨道卫星星座对区域目标的覆盖问题。这两种方法均可以较好地提高计算效率和精度。面对间断性覆盖问题，Williams 等(2001)将最大允许覆盖间隙和平均覆盖间隙这两个评估准则作为星座设计的目标，同样采用遗传算法来获得 Pareto 最优解。Crossley 和 William(2000)在此基础上研究了遗传算法和模拟退火方法在间断性覆盖的星座优化设计问题，研究结果表明，采用模拟退火算法进行星座优化设计，在精度和速度上都有一定的优势，且遗传算法能够生成多组不相互支配的设计结果，适合于多目标优化设计中 Pareto Front 的求解。Grandchamp 和 Charvillat(2000)采用基于禁忌搜索算法的元启发式优化方法进行了星座优化设计，对星座的构形参数进行了优化。张润(2012)研究了一种基于重访周期的回归轨道星座设计模型，采用栅格点覆盖数字仿真模型评价星座性能的优劣。

按照上述性能指标进行星座优化设计，忽略了实际系统所具有的种种复杂特性，事实上，星座的各种性能，以及星座在整个运行阶段的任务代价与星座构形密切相关，如星座运行和维持性能。范丽（2006）、范丽和张育林(2006)对星座构形优化设计方法进行了全面的论述，提出了星座构形一体化设计的思想和基于进化算法的优化设计方法，用于解决多目标、多约束的星座构形设计问题，并将此方法应用于导航和天基雷达星座的设计。郑蔚(2007)利用多目标遗传算法，进行了多准则的区域星座的优化设计。

可见，星座优化设计是一个影响因素庞杂、约束条件数目和种类繁多、工程可靠性要求较高等一系列特点的优化问题，因此采用进化算法、模拟退火算法等现代智能优化算法求解星座优化设计问题也是值得研究的方向，而这一类优化算法都需要一系列评价指标，作为进化与选择的准则，从而设计出具有较强应用能力的卫星星座系统，所以，在星座优化设计阶段对星座系统的各项性能进行科学的评估和论证也逐渐成为星座优化设计过程中的一个重要环节(肖宝秋，2013)。

7.1.3 星座性能评价体系研究现状

针对通信卫星和导航卫星星座性能评估问题，宋鹏涛等(2007)对军用通信星座系统及其作战任务进行分析，给出了系统效能指标体系建立原则，建立了军用通信星座系统的综合效能评估指标体系。毛钧杰等(2008)从几何精度衰减因子(GDOP)出发提出了评价区域导航性能的指标。杨元喜等(2014)初步分析了北斗区域卫星导航系统的基本导航定位性能，但还无法对北斗区域卫星导航系统整体性能做出全面的评估。韩雪峰等(2014)以 STK 软件为基础，仿真计算了当前北斗导航星座对中国地区单一测站的卫星可视情况和 GDOP 变化情况。

针对遥感卫星星座性能评估，张玉锟和戴金海(2001)采用静态覆盖分析的方法，通过选取数量较多的特征点反映卫星系统的覆盖性能。柴霖等(2003)通过用 STK 仿真软件对卫星星座性能进行评估分析。韦娟和张润(2013)采用覆盖间隙、覆盖率、响应时长等静态覆盖性能作为目标函数进行卫星星座的优化设计与评估。王启宇等(2006)研究了对地观测任务的轨道选择与星座设计的基本方法，并根据特定的观测区域建立了仿真模型。张倩等(2011)通过分析星座关注区域覆盖的影响因素，提出了 Walker–Delta 星座最小覆盖重复周期的简化计算，以及基于最小覆盖重复周期内的经纬度覆盖。

基于静态评价指标的系统设计虽然能够确保卫星对特定区域的覆盖能力，但对卫星系统总体性能的分析往往着重于几何覆盖特性，而很少考虑其在实际应用过程中受到的目标最小观测仰角和传感器最大允许侧摆角等各项操作约束。得到的评估结果无法反映对于一组特定任务需求下的卫星资源争用、任务取舍等卫星系统的实际应用特征，评估卫星系统的动态任务执行能力和资源负荷水平，无法确切地评价卫星系统对用户需求的实际完成能力，从而确切反映卫星星座的系统性能。

针对这一问题，对于一个特定区域的监测需求，澳大利亚的 Claire 和 Carmine (2004)以最大化观测范围为优化目标，分别研究了 8 颗星和 16 颗星的星座设计方案对该地区的观测能力。但是，他们所研究的调度对象是一种简化模型，问题比较简单。随后，孙凯等(2008)、姚峰等(2010)基于任务规划的对地观测卫星动态能力评估方法，设计实现了相应的对地观测卫星动态能力评估体系。然而，卫星星座调度规划问题已被证明是一类 NP 完全问题(Globus et al.，2004)，只能通过智能优化算法进行求解，因此，采用任务规划的方法对卫星星座的动态应用能力进行评估，会导致卫星星座的动态应用能力一部分是基于调度规划算法的优越性的，但是，本书中并未进行任务规划算法的优越性和各项性能评估指标的合理性、适用性分析，以及星座构形对星座稳定性的影响分析。同时，面对这样一个复杂的分析决策体系，建立一个评估体系设计模型是非常有必要的。

7.1.4 决策系统研究现状

计算机技术的发展为航空航天领域发展注入了新鲜的血液，尤其是在卫星星座的设计和仿真领域得到了最直观的体现。其中，卫星星座系统的仿真也是星座设计中的重要环节，为了确保我们设计的星座能到达预期效果，因此对卫星星座的实际运行能力进行计算机仿真验证，正是降低成本和风险的有力手段(肖宝秋，2013)。同时为航天领域的相关研究人员提供了一个便捷的操作平台，而且可能仅通过一系列报表信息难以体现的细节来激发灵感，从而提高工作效率。

卫星仿真是一个大规模的复杂系统的仿真，美国 NASA 和欧空局(ESA)的卫星仿真技术一直走在世界前沿。典型的有美国 AGI 公司的 STK 和欧空局的 SIMSAT，这些仿真平台在实际航天项目中得到了很好的应用(张占月和曾国强，2004)。

目前，国际上应用最多的是美国 AGI 公司开发的 STK 软件，即卫星仿真工具包(satellite tool kit)，它支持航天任务周期的全过程，核心能力是产生位置、速度、姿态数据。虽然该软件支持二次开发，但是 STK 是一款商业软件，价格昂贵且开放性不足，尤为重要的是，自 2008 年起，美国已禁止对中国出口 STK6.0 及其以上的版本(杨颖和王琦，2004)。美国空军和 NASA 从 20 世纪 80 年代开始研究基于人工智能的技术，并取得了一定成果，许多任务规划与调度系统也成功应用到航天领域，如深空一号的规划系统、PARR 系统、哈勃望远镜的调度系统等。SIMSAT(simulation infrastructure for the modeling of satellites)系统是从 2001 年开始发布的一个仿真软件，可以对航天器地面发射段以及空间飞行段进行完整的仿真，其主要功能模块包括时间管理子系统、姿态监控子系统、指令控制子系统、二维可视化子系统、调度规划子系统，以及日志子系统等。

相比欧美等西方发达国家，我国航空航天领域利用计算机技术进行自动化、可视化建设的步伐仍然较为缓慢。中国空间技术研究院和中国电子科技集团在

20 世纪 90 年代开展了总体仿真实验室的建设工作。近年来，国内许多高校的学者和航天科技工作人员也针对航天应用实例，开始研究和开发各种仿真软件，并取得了各自良好的效果。

清华大学 2002 年开发了"小卫星轨道姿态控制系统仿真软件"，完成了基于三维实时动态显示技术的卫星轨道与姿态仿真软件平台的设计与开发(徐晓云等，2003)。西北工业大学航天学院独立开发了一套卫星星座可视化仿真软件，该软件可以动态演示星座的三维几何构型、卫星的姿态运动，以及相应的卫星星下点和覆盖区，便于对卫星星座及其覆盖特性进行研究(王启宇等，2007)。哈尔滨工业大学卫星技术研究所在 STK 基础上进行二次开发，针对不同的任务要求，实现了集设计、分析、仿真和验证功能于一体的卫星任务分析与轨道设计数字化平台(曹喜滨等，2004)。国防科技大学开发的"复杂多卫星系统综合效能仿真分析软件"，以对地成像观测和电子侦察卫星系统为重点研究对象，设计实现了多卫星系统综合效能仿真分析软件，支持仿真试验分析的全过程，可以帮助系统技术人员方便地对多卫星系统进行层次化建模(贺勇军等，2004)。中国地质大学(武汉)基于 VC++平台，开发了具有完全自主知识产权的独立于 STK 软件的星座覆盖仿真分析软件系统(CSTK)，该系统能够提供多种优化手段来完成近地卫星星座设计、卫星规划与调度、覆盖分析、通信链路分析等任务并进行动态仿真(包建全等，2010)，软件的三维和二维场景分别如图 7-1 和图 7-2 所示。

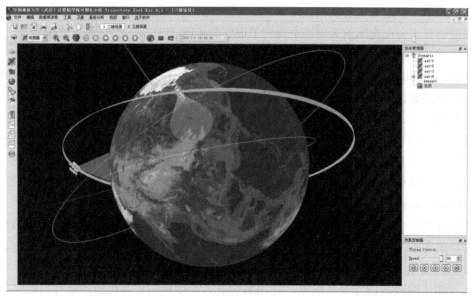

图 7-1　CSTK 空间覆盖分析仿真平台三维场景

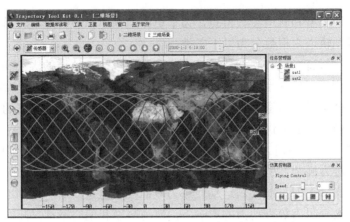

图 7-2　CSTK 空间覆盖分析仿真平台二维场景

7.2　卫星轨道参数分析

受地球引力场影响，卫星在轨运行过程中，无论轨道的几何形状、大小和空中的方位如何，任意时刻其轨道所在平面都要通过地球中心，且卫星在任意时刻所处的状态，包括卫星位置和速度，均可以和卫星轨道六根数进行相互转换。

7.2.1　开普勒轨道六根数

唯一确定一个卫星质心运动状态，需要六个参数。采用地心赤道坐标系：坐标圆点为地心；坐标轴 x 指向春分点；z 轴垂直于赤道面；y 轴与 x 轴、z 轴垂直，构成右手坐标系。常用的轨道六根数分别是轨道半长轴 a、偏心率 e、轨道倾角 i、升交点赤经 Ω、近地点幅角 ω 和真近点角 f，其示意图描述如图 7-3 所示。

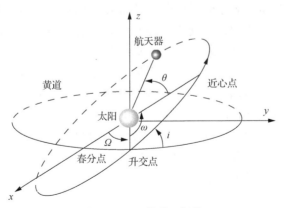

图 7-3　卫星轨道六根数

根据轨道类型和轨道参数特点，为了更好地描述和理解卫星轨道状态，我们可以将开普勒轨道六根数分为以下三类。

(1)轨道半长轴 a 和偏心率 e，这两个参数可以确定轨道的大小和形状。轨道半长轴 a 是用于确定轨道大小的参数，对于常用的圆轨道而言就是圆的半径，对于椭圆轨道就是椭圆轨道的半长轴，等于卫星近地点到远地点距离的一半；偏心率 e 是用于描述轨道形状的参数，不同的偏心率对应不同的轨道类型，直观来看，在二体模型下，当 $e=0$ 时，航天器的运动轨迹是以引力体质心为中心的圆；当 $0<e<1$ 时，运动轨迹为椭圆，引力体在椭圆的一个焦点上；当 $e=1$ 时，航天器运动轨迹为抛物线；当 $e>1$ 时，航天器运动轨迹为双曲线。但是，当考虑到地球非球形、太阳光压和大气阻力等摄动力的影响下，轨道高度和偏心率都是随时间变化的。图 7-4 描述了几种基本的轨道形状。

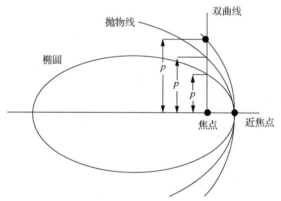

图 7-4　不同偏心率下的轨道类型

(2)轨道倾角 i 和升交点赤经 Ω，这两个参数共同决定了卫星轨道平面在空间中的位置。轨道倾角 i 表示轨道平面与坐标系主平面的夹角，对卫星而言一般指轨道平面与赤道平面夹角；升交点赤经 Ω 表示由春分点沿着赤道至升交点(升交点即卫星由南半球运动进入北半球时穿过赤道平面的点)的角度。

(3)近地点幅角 ω 和真近点角 f，这两个参数决定了任意时刻卫星在轨道平面内的位置。近地点幅角 ω 表示从升交点到近地点之间的夹角(需要沿飞行器运动方向度量)，对于圆轨道而言，近地点幅角均取 0；真近点角 f 表示卫星当前时刻所处位置与近地点之间的夹角(沿飞行器运动方向度量)。

真近点角 f 也可以用过近心点的时刻 τ、平近点角 M、偏近点角 E 代替，其中 E 和 f 的示意图如图 7-5 所示。

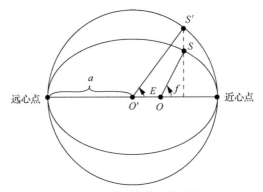

图 7-5 椭圆轨道和辅助圆

这几个量之间的转换关系如式(7-1)和式(7-2)所示:

$$E - e\sin E = n(t - \tau) \tag{7-1}$$

$$M = n(t - \tau) \tag{7-2}$$

式中，n 为航天器运行的平均角速度，如式(7-3)所示:

$$n = \sqrt{\frac{\mu}{a^3}} \tag{7-3}$$

在给定过近心点的时刻 τ 的情况下，平近点角 M 可以根据式(7-4)求得，偏近点角 E 的计算需要微分迭代的方法:

$$dE = \frac{dM}{1 - e\cos E} \tag{7-4}$$

赋初值 $E_0 = M$，按迭代式(7-5)计算:

$$\begin{cases} dM_i = M - E_i + e\sin E_i \\ E_{i+1} = E_i + \dfrac{dM_i}{1 - e\cos E_i} \end{cases} \tag{7-5}$$

直到满足式(7-6)的终止条件为止:

$$\left| \frac{dM_i}{1 - e\cos E_i} \right| \leqslant \varepsilon \tag{7-6}$$

然后通过式(7-7)~式(7-9)可以求得真近点角 f:

$$r = \frac{a(1-e^2)}{1+e\cos f} = a(1-e\cos E) \tag{7-7}$$

$$r\cos f = a(\cos E - e) \tag{7-8}$$

$$r\sin f = a\sqrt{1-e^2}\sin E \tag{7-9}$$

由式(7-10)可导出真近点角 f:

$$\tan\frac{f}{2} = \sqrt{\frac{1+e}{1-e}}\tan\frac{E}{2} \tag{7-10}$$

7.2.2 TLE 格式轨道参数

国际上常用的两行轨道数据(two–line orbital element, TLE)内也包含轨道六根数信息，国际上包括美国航天司令部(USSC)、北美联合防空司令部(NORAD)，以及美国 NASA 等机构都使用此星历来跟踪并定位卫星。两行轨道数据是由美国的 CeleStrak 发明创立的，它不仅提供了卫星轨道的平均开普勒轨道根数，对于一般的中小型地面站，精度是足够的；并且 TLE 还考虑了地球扁率、日月引力的长期项和周期项摄动的影响，其优点在于轨道预报精度比较高，获取的卫星位置和速度较精确，而且在北美联合防空司令部的网站上提供各种卫星星历数据，并实时更新。

TLE 格式数据总共有 3 行：第 0 行是卫星名称(发射国命名)，最长为 24 个字符；第 1 行和第 2 行是标准的卫星星历格式，组成字符为 0-9、A–Z、空格、点号和 ± 号，每行规定为 69 个字符；全长 168 个字符。

表 7-1 所示为北斗导航卫星 BEIDOU G6 的 TLE 格式数据。

表 7-1 BEIDOU G6 的 TLE 格式数据

BEIDOU G6
1 38953U 12059A 14094.05879153 –.00000160 00000-0 10000-3 0 4358
2 38953 0.7502 279.3294 0001484 106.6912 267.4642 1.00271614 5369

各个数据项的参数说明：

1. 第一行

BEIDOU G6：卫星名。

2. 第二行

(1) 38953U：38953 是北美防空司令部 NORAD 给出的卫星编号，U 代表不保密，另外 C 表示秘密，S 表示绝密(通常情况下，我们只能查到不保密的 U 类型卫星)。

(2) 12059A：12 指这颗卫星是在 2012 年发射，059 是这一年的发射序号，A 是这次发射里编号为 A 的物体，因此这颗卫星的"国际编号"就是 2012-059A。

(3) 14094.05879153：表示所给出的这组轨道数据的时间点，14 表示 2014 年，094 表示第 94 天，后面的.05879153 单位是天，可计算出这一天里的具体时刻。

(4) −0.00000160：卫星平均运动对时间的一阶导数除 2。
(5) 00000-0：卫星平均运动对时间的二阶导数除 6。
(6) 10000-3：BSTAR 阻力系数。
(7) 0：轨道模型，0 表示卫星采用了 SGP4/SDP4 轨道预报模型。
(8) 4358：435 为星历编号，按新发现卫星的先后顺序进行编号，最后一位 8 为校验位。

3. 第三行

(1) 38953：卫星识别码(NORAD 卫星编号)。
(2) 0.7502：卫星轨道倾角。
(3) 279.3294：卫星升交点赤经。
(4) 0001484：卫星轨道偏心率。
(5) 106.6912：卫星近地点幅角。
(6) 267.4642：卫星平近点角。

(7) 1.00271614：每天环绕地球的圈数，这个的倒数就是周期，根据这个数据就可以计算卫星轨道的半长轴。

(8) 5369：536 表示发射以来卫星飞行圈数，9 是校验位。半长轴 a、偏心率 e、轨道倾角 i、升交点赤经 Ω、近地点幅角 ω 和真近点角 f。我们通常需要将 TLE 数据转换成常用的开普勒轨道根数，在 TLE 数据的第三行里直接包括了六参数里面的偏心率 e、轨道倾角 i、升交点赤经 Ω、近地点幅角 ω 和平近点角 M。其中，卫星轨道半长轴可以通过轨道周期直接转换得到，同时需要注意的是得到的轨道六根数是对应一个起算历元的，该参数同样在 TLE 格式数据中有存储。

7.3　卫星对地覆盖分析

卫星的覆盖计算是评估卫星星座性能的基础，在本章中，卫星的覆盖计算包含两个步骤：卫星对地覆盖计算和星地可视分析。

7.3.1　卫星对地覆盖计算

将地球假设为标准球形，记地球中心为 O_e，地球半径为 R_e，卫星 S 在轨道上任意一点距地表高度为 h，卫星星下点为 Q。

若已知地面点的最小观测仰角为 E，对应到地球表面上的最远观测点为 P_1、P_2 所在的红色圆弧，则卫星 S 对地面的覆盖角 d 可表示为

$$d = \arccos \frac{R_e \cos E}{R_e + h} - E \tag{7-11}$$

若已知卫星所携带的传感器的最大覆盖角为 θ，则卫星 S 对地面的覆盖角 d 可表示为

$$d = \frac{\pi}{2} - \theta - \arccos \frac{(R_e + h)\sin\theta}{R_e} \tag{7-12}$$

在实际应用中，卫星所携带的传感器可以是任意类型、形状，因此，卫星对地面的覆盖情况也会随之不同。图 7-6 中，P_1P_2 实线弧与虚线弧围成的区域是以 d 为简单圆锥体传感器半锥角的正圆锥面与地球表面的交线，则覆盖区域即为其中该区域以上的球帽区域。

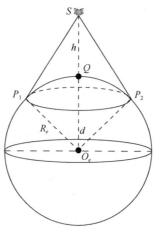

图 7-6　卫星对地覆盖计算

记卫星 S 的星下点 Q 的经度为 σ_S ，纬度为 ϕ_S ，卫星 S 地面覆盖区域内的任意一点 C 的经度为 σ_C ，纬度为 ϕ_C 。这样，在地心赤道坐标系内，S 的坐标 (X_S, Y_S, Z_S) 为

$$\begin{cases} X_S = (R_e + h)\cos\sigma_S \cos\phi_S \\ Y_S = (R_e + h)\sin\sigma_S \cos\phi_S \\ Z_S = (R_e + h)\sin\phi_S \end{cases} \tag{7-13}$$

C 的坐标 (X_C, Y_C, Z_C) 为

$$\begin{cases} X_C = (R_e + h)\cos\sigma_C \cos\phi_C \\ Y_C = (R_e + h)\sin\sigma_C \cos\phi_C \\ Z_C = (R_e + h)\sin\phi_C \end{cases} \tag{7-14}$$

由于卫星 S 与地面覆盖区内任一点 C 的距离 $\overline{SC}$ 不大于卫星与其地面覆盖区（球帽）底边任意一点 P 的距离 $\overline{SP}$ ，即

$$\overline{SC}^2 \leqslant \overline{SP}^2 \tag{7-15}$$

考虑到

$$\overline{SC}^2 = (X_S - X_C)^2 + (Y_S - Y_C)^2 + (Z_S - Z_C)^2 \tag{7-16}$$

$$\overline{SP}^2 = (R + h)^2 + R^2 - 2R(R + h)\cos d \tag{7-17}$$

将 S 坐标和 C 坐标代入 $\overline{SC}^2$ 中，经化简后得到

$$\overline{SC}^2 = (R + h)^2 + R^2 - 2R(R + h)[\cos\phi_S \cos\phi_C \cos(\sigma_S - \sigma_C) + \sin\phi_S \sin\phi_C] \tag{7-18}$$

由此可知卫星 S 对地面的覆盖区域应该满足下式：

$$\cos\phi_S \cos\phi_C \cos(\sigma_S - \sigma_C) + \sin\phi_S \sin\phi_C \geqslant \cos d \tag{7-19}$$

卫星 S 对地覆盖区的边界有下列方程确定：

$$\cos\phi_S \cos\phi_C \cos(\sigma_S - \sigma_C) + \sin\phi_S \sin\phi_C = \cos d \tag{7-20}$$

7.3.2　星地可视分析

星地可视分析是指观测源对观测目标的可视计算，主要是通过计算覆盖对象

间的可见时间窗口进行分析的，在星座覆盖计算中是指卫星能够对目标实现覆盖的一系列时间范围集合，覆盖目标可以是地面目标，也可以是空间中的一些点目标或区域目标。本章采用步进法计算卫星对地面目标的可见时间窗口。

步进法的实现思想是在整个仿真周期内，从场景开始时刻到结束时刻，首先根据卫星运转角速度，设置初始步进步长，并按照此步长依次遍历每个时间点，判断卫星是否能够覆盖地面指定目标，这样就可以找到整个仿真周期内，所有的星地可见时间窗口集合，并且考虑到在实际覆盖过程中的连续性性质，即地面目标被覆盖肯定是在一个连续的时间段；然后，缩小步进步长，迭代修正初始算得的时间窗口。对于其中的某一个算得的可见时间窗口[begin, end]。实现示意图如图 7-7 所示，阴影区间为求得的星地可见时间窗口集合。

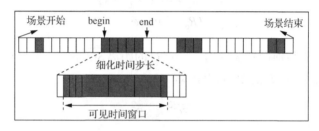

图 7-7　时间窗口计算

在采用步进法求解星地可见时间窗口的过程中需要考虑以下两点。

(1)初始步长的选取。为了提高计算效率，在算法初始状态下，步长划分大小也是非常重要的，一般情况下，初始步长都是通过卫星运转角速度、星载传感器的可视范围和覆盖目标的特点进行估算得到的。其次，在给定的时间步长下，利用步进法求得所有的时间窗口集合。

(2)可见时间窗口的精确值。对第一步算得的时间窗口[begin, end]，依次二分的方法逐步细化时间步长，在当前步长的基础上修正当前的时间窗口，直到得到新步长下的第一个满足覆盖的时间点和最后一个满足覆盖的时间点；之后在此基础上继续细化时间步长，反复迭代，直到得到的窗口精度满足实际问题需求或工程约束。

7.3.3　星地覆盖分析

(1)对于地面点目标，我们只需要知道整个卫星系统的星地时间窗口，就可以计算出整个仿真周期内，点目标的时间覆盖率(包括连续性覆盖时长、最大覆盖间隙、覆盖重数、目标重访周期等)。

(2)对于地面区域目标。包括敏感特征区域目标、纬度带目标、全球目标等，可以通过网格点法计算出区域的覆盖情况，也可以通过划分纬度条带或经度条带，根据覆盖要求，划分条带的宽度，然后对每个特征条带进行覆盖分析(宋志明，2015)，我们可以给出场景中卫星对每个特征条带的覆盖范围，即一个纬度区间，根据各个特征条带的覆盖范围我们就可以计算目标的覆盖情况，其示意图如图 7-8 所示。其中，六边形外框表示一个不规则的多边形目标区域，制定一个经度条带的宽度，对区域进行划分，区域内的每个特征条带表示经度条带，各个条带内的灰色阴影区域表示仿真周期内特征条带当前时间窗口被一重覆盖的区域，黑色区域表示仿真周期内特征条带当前时间窗口被二重覆盖的区域。利用这些区域我们就可以计算目标的覆盖率和覆盖重数等参数，并且相比较网格点划分方法，省去了在经度方向上的采点精度问题，使得算得的结果更加精确。

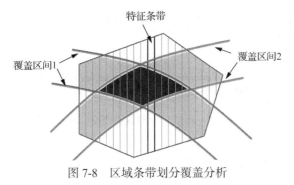

图 7-8　区域条带划分覆盖分析

7.4　卫星星座系统优化设计

7.4.1　星座类型

根据卫星轨道高度分类，卫星轨道可以分为低轨道(LEO)、中轨道(MEO)、静止轨道(EEO)及高椭圆轨道(HEO)，考虑地球周边的两条范·艾伦辐射带(Van Allen radiation belt)，通常低轨道卫星高度区间为[500km,1500km]，中轨道卫星高度区间为[5000km,13000km]，高轨道卫星高度区间为[19000km,25000km]，地球静止轨道表示轨道高度特定为 35786km 的卫星轨道(张育林等，2008)。其示意图如图 7-9 所示。

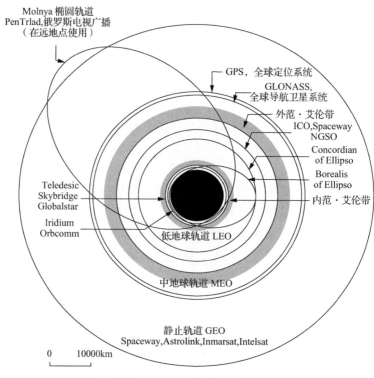

图 7-9　典型星座的轨道高度分布示意图

除此之外，根据轨道特定属性还可以分为太阳同步轨道、地球静止轨道、回归轨道、临界倾角轨道、冻结轨道等。

7.4.2　星座设计准则

在卫星星座设计的过程中，需要考虑的主要因素有轨道类型、轨道高度、轨道倾角、轨道面数、每个轨道面内的卫星数、相邻轨道相邻两颗星的相位差，以及星载传感器类型和覆盖区间等。我们作星座设计的时候，通常需要遵循如下五种设计准则。

1. 尽量避免轨道摄动造成星座变形

摄动力主要会造成轨道的进动和拱线的拱动，为了避免轨道进动，需要所有轨道面必须有相同的轨道高度和轨道倾角；为了避免轨道拱线的拱动，我们应该尽量选择圆轨道而避免使用椭圆轨道，也可以使用冻结椭圆轨道(但因为轨道的高度不断变化，因此星上载荷复杂，这样会增加卫星的工作成本、降低卫星的效率)。

2. 适当选择轨道面数和每个轨道面内的卫星数

在卫星总数确定的情况下，在满足覆盖需求的前提下，通常将较多的卫星布置在较少的轨道面内，且每一个轨道面内都放置一颗备用卫星。

这样做的目的有两个：①使星座有较好的性能台阶；②节省能量。在星座设计阶段需要考虑的一个重要问题就是星座的性能台阶问题。最好的情况下，对于一个确定的卫星星座，此后每发射一颗卫星，星座的性能都会不断的提升。考虑有 3 个轨道面的卫星星座，发射第一颗卫星之后星座会达到一定的效果，但是在三个轨道面内各有一颗卫星之前，星座的效果提升缓慢，由此我们可以预见，这个星座在部署 3 颗星、6 颗星、9 颗星(依次类推)后性能均会出现一个新的性能台阶，如图 7-10 所示。

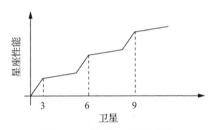

图 7-10　性能台阶示意图

从以上分析可以看出，轨道面较少的星座能较快的到达一个新的性能台阶，从这一点看，轨道面较少的星座优于轨道面多的星座。

另外，我们经常需要在每个轨道面内放置备份卫星，轨道面少意味着额外需要的备份星少；同时，当星座中有卫星失效的时候，为了保证卫星能降级运行，我们需要将同轨道内的其他卫星重新布置，有时我们也需要根据地面新任务对星座进行重构，这些时候，当轨道面较少意味着所需消耗的能量比轨道面多的时候少。

3. 适当选择星座中卫星的轨道高度

轨道高度是卫星最重要的参数之一，不同的星座类型应该选择不同的轨道高度。根据范·艾伦辐射带的影响，轨道高度的选取应避免在辐射带内。卫星轨道高度不能太低，因为卫星轨道越低，受大气阻力的摄动影响越大，这会使卫星轨道变形并且会降低卫星的使用寿命；同样卫星不能太高，因为高度越高，意味着卫星的发射代价越大，并且卫星对地面观测的精度越低、卫星数据下传的代价越大。通常情况下，卫星轨道高度的选取是通过地面最小观测仰角、卫星所携带的传感器类型和可视范围来确定的。

4. 卫星轨道倾角的确定

通过设计共地面轨迹星座求解区域覆盖问题，当轨道面的个数确定后，轨道倾角的大小会对区域有效覆盖时长产生影响，为了获得最优的轨道倾角，最简单的方法仍然是通过遍历去求解，且计算复杂度很小。对于特殊情况，当覆盖区域大小小于传感器覆盖幅宽的情况，如图 7-11 所示，此时轨道倾角的选取满足：当卫星位于轨道纬度最高点时，传感器内侧覆盖边界恰好可以覆盖到目标区域的最低纬度点。这样生成的轨道可以对目标区域进行更长时间的连续性覆盖。

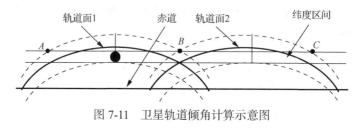

图 7-11　卫星轨道倾角计算示意图

5. 适当设定相邻轨道面卫星的相对相位

为了达到星座覆盖均匀的特性，我们需要适当的选择轨道平面的相对位置。

7.4.3　星座设计过程

肖宝秋(2013)中讨论了卫星星座设计的流程，所提出的卫星星座设计的基本过程描述如下：

(1)确定任务需求，特别是性能需求和指标定义。

(2)进行星座性能的综合评估，如选择星座类型、评估覆盖性能和其他一些性能指标，分析性能增长等问题。

(3)形成设计文件，设计过程反复迭代直到得到满足任务需求的最优或近优星座。

7.5　星座性能评估体系设计

为了能够有效地评估卫星星座系统的实际应用性能和效益，必须建立一套完备、独立、合理可行、可扩展性强的评估指标体系。根据遥感卫星的应用模式和任务要求、设计一个卫星星座性能评估指标体系，需要满足以下评估原则(陈济舟等，2009)。

(1)目标明确：选取的指标必须与评价对象、评价内容密切相关。

(2)较为全面：选取的指标既要尽可能覆盖评价的内容，又要有一定的代表性。

(3)合理可行：选取的指标具有可操作性，能够通过统计、计算获得具体的指标值。

7.5.1 参数描述

首先给出本章在星座性能评估体系设计过程中所用到的各个符号的定义。

scs：场景开始时间。

sce：场景结束时间。

T：任务集合，$T = \{t_1, t_2, \cdots, t_n\}$。

S：资源集合，$S = \{s_1, s_2, \cdots, s_m\}$。

M_i：满足任务 t_i 需求的资源集合，$t_i \in T$，$M_i \subseteq S$。

$TW_{i,j}$：任务 t_i 占用资源 S_j 时所允许的时间窗口集合。

$$TW_{i,j} = \{tw_{i,j}^1, tw_{i,j}^2, \cdots, tw_{i,j}^{|TW_{i,j}|}\}, \quad k \in \{0, 1, \cdots, |TW_{i,j}|\}$$

其中，$tw_{i,j}^k$ 为任务 t_i 占用资源 s_j 时，所允许的时间窗口，$tw_{i,j}^k = [ws_{i,j}^k, we_{i,j}^k]$；$ws_{i,j}^k$ 为在任务 t_i 占用资源 s_j 时，所允许的第 k 个时间窗口的开始时间；$we_{i,j}^k$ 为任务 t_i 占用资源 s_j 时，所允许的第 k 个时间窗口的结束时间。

twc_i：为任务 t_i 分配的执行之间窗口。$twc_i = [tws_i, twe_i]$，初始条件默认情况下，$tws_i = twe_i = sce$。

C_i：任务 t_i 的权值，$C_i > 0$，$t_i \in T$。

dt_i：任务 t_i 的观测时长，$dt_i > 0$，$t_i \in T$。

ds_i：卫星资源 s_j 在整个仿真周期内的总开机时长，$ds_i > 0$，$t_i \in T$。

$x_{i,j}^k$：任务 t_i 在执行时占用资源 s_j，执行时所占用的时间窗口为 k，则 $x_{i,j}^k = 1$；否则，$x_{i,j}^k = 0$。其中 $t_i \in T$，$j \in M_i$，$k \in \{0, 1, 2, \cdots, |TW_{i,j}|\}$。所有未定义的 $x_{i,j}^k$ 都为 0。

7.5.2 设计思想

卫星星座系统的实际应用能力即卫星对任务需求的满足程度，针对不同种类应用卫星和多种复杂监测需求，星座性能的评价标准不一，这使得卫星星座性能评估指标的建立更加复杂和多样化，在实际构建分析中，需要针对固定点目标任务、区域目标任务、应急任务和周期性任务等不同任务需求和工作模式，分别构建不同的评价指标。

面对这样一种评估指标多样，且难以完全进行定量分析的复杂问题，我们往往希望将问题分解成多个组成因素，又将这些因素按支配关系分组成阶梯层次结构，通过比较的方式确定层次中各因素的相对重要性，然后综合决策者的判断，确定决策方案相对重要性的总排列，从而做出选择和判断。根据这一设计思路，本章建立了层次结构模型，评估卫星系统配置方案(陈晓宇等，2015)。

层次分析处理(analysis hierarchy process,AHP)是美国著名的运筹学专家匹兹堡大学教授 T.L.Saaty 于 20 世纪 70 年代提出的一种以定性与定量相结合,系统化、层次化分析问题的方法,广泛应用于复杂系统的分析与决策(陈济舟等，2009)。考虑到本章中提到的卫星星座性能评估体系的特点,该方法特别适用于这一类难以完全进行定量分析的复杂问题。

本章先将讨论的问题所包含的因素分为最高层、中间层、最底层。最高层表示解决问题的目的，即目标层；中间层是用于解决问题的各种措施、方案等；最底层表示实现总目标而采取的措施、方案、政策，一般有约束层、策略层、准则层。当某个层次包含的因素较多时，可将该层再划分为更多子层，从而建立层次结构。基于层次分析的思想和原理，结合卫星星座性能评估的需求，本章建立了如图 7-12 所示的卫星星座总体性能评估体系层次结构模型。该模型能够系统化、层次化的分析卫星星座优化设计问题，并能定性与定量的对各项性能评估指标进行描述，并且在准则层具有较强的可扩展性。

图 7-12　卫星星座性能评估体系层次结构模型

为了达到总目标，得到最佳卫星系统配置方案，可通过给出各评估准则 $\{f_1,f_2,\cdots,f_n\}$ 在选择中所占的权重 $a_i \in (0,1)$ ，$i=1,2,\cdots,n$ ，$\sum_{i=1}^{n}a_i=1$ 。各准则 f_i 对每个可供选择的指标权重 $b_{i,j} \in (0,1)$ ，$(i=1,2,\cdots,n,j=1,2,\cdots,m_i)$ ，$\sum_{j=1}^{m_i}b_{ij}=1$ ，令 $w=\sum_{i \in \{1,2,\cdots,n\},j \in [1,2,\cdots,m_i]}a_ib_{ij}$ 为该系统配置方案下的总效益值，在实际应用中，反复

调整各项参数，通过对不同系统配置方案下的卫星星座进行分析评估，进而得到对应任务需求下的最优卫星系统配置方案。

本章根据所建立的星座性能评估体系层次结构模型，设计了对应的性能评估指标体系，如图 7-13 所示。

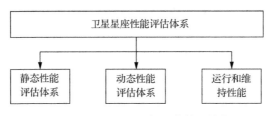

图 7-13 卫星星座性能评估体系结构

7.5.3 静态性能评估体系设计

卫星星座对地观测静态能力评估指标体系是指对于一个已有的卫星星座的设计方案，在不考虑各项约束的情况下，以资源可用性和共视性要求为评估指标，主要从时间的角度对目标进行覆盖分析，对空间和地球表面上的一些点或区域目标，采用不同的评估指标进行分析，静态能力评估体系的指标设计如图 7-14 所示。

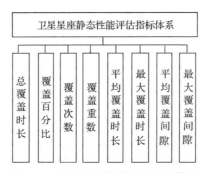

图 7-14 卫星星座静态性能评估体系

为充分反映星座对指定目标的覆盖性能，按照用户任务需求可定义以下覆盖性能静态评估指标。

（1）一次覆盖，地面点从某一时刻起直到另一时刻能连续被星座中至少一颗卫星覆盖。

（2）总覆盖时长，在整个仿真周期内各次覆盖时间段的总和（小于等于各卫星对该点的覆盖时间总和）：

$$\text{CovTime}_i = \bigcup_{j \in [1,2,\cdots,m], k \in [0,1,2,\cdots,|TW_{i,j}|]} [\text{ws}_{i,j}^k, \text{we}_{i,j}^k] \tag{7-21}$$

（3）覆盖百分比，总覆盖时间与仿真周期的比值：

$$\text{CovRate}_i = \frac{\text{CovTime}_i}{\text{sce - scs}} \tag{7-22}$$

（4）平均覆盖时长，星座对地面点各次覆盖时间的均值：

$$\text{AveCovTime}_i = \frac{\text{CovTime}_i}{\sum\limits_{t_j \in M_i} |TW_{i,j}|} \tag{7-23}$$

（5）覆盖间隙，目标连续两次被覆盖的时间间隔：

$$\text{Inerval}_i = tw_{i,k}^l - tw\text{e}_{i,j}^t \tag{7-24}$$

式中，$tw_{i,j}^t$ 和 $tw_{i,k}^l$ 分别为目标 t_i 被两次连续覆盖的时间窗口，（$j,k \in [1,2,\cdots,M_i]$，$t,l \in [0,1,2,\cdots,|TW_{i,j}|]$）。

（6）平均覆盖间隙，在整个仿真周期内，各次覆盖间隙的均值。

（7）最大覆盖间隙，在整个仿真周期内，各次覆盖间隙的最大值。

（8）最大响应时长，从仿真周期内任意一指定时刻起，目标下一次被覆盖至少需要经过多长时间。

（9）覆盖重数，目标在某一指定时间段内，可以同时被几颗卫星看到，卫星颗数即为目标在这一时间段内的被覆盖重数。

上述静态能力评估指标主要从时间的角度对目标进行覆盖分析，若考虑到区域目标，还需要从空间角度进行分析，即区域覆盖性能指标。

区域目标覆盖性能分析，通过使用上一结中所讲的经纬条带法或网格点法进行分析计算，同样，通过对区域内的点目标进行抽样，再对各样本点的各项覆盖指标进行统计分析，可以间接地反映卫星星座对整个区域的覆盖性能。

7.5.4 动态性能评估体系设计

卫星星座静态性能评价指标结果只能够反映卫星星座对给定目标的覆盖能力，但是无法描述当实际用户需求较大、观测任务较多时，任务对资源的争用情况，从而难以准确的评价卫星星座系统的实际应用性能和效益。为此本章设计实现了如图 7-15 所示的卫星星座动态性能评估体系。

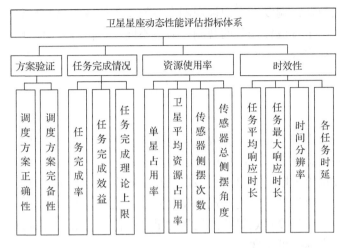

图 7-15　卫星星座动态性能评估体系

　　根据静态能力评估结果的局限性，本章采用任务规划的方法分析星座的动态应用能力，从调度方案验证、任务完成情况、资源使用率、时效性四方面构建了动态能力评估体系。下面对动态能力评估体系的各项性能指标进行定义。

　　(1)调度方案验证。对于一个给定的调度方案，在采用各项性能指标对其评价之前，首先需验证给定调度方案的正确性和完备性。在验证无误的基础上再对任务完成情况、资源使用情况和时效性进行评估。

　　调度方案的正确性：验证给定的调度方案是否满足资源和任务的各项操作约束。如果得到的这一项指标不满足要求，则生成的动态能力评估体系中其他所有指标的结果都是无意义的，需重新生成。

　　调度方案的完备性：在验证调度方案正确性的基础上，进一步分析对于指定的场景和用户需求，是否存在因资源冲突未完成的任务可在该调度方案的基础上完成。

　　(2)任务完成情况。包括(各优先级任务)任务完成率、任务完成效益、任务完成理论上限，用以综合评估卫星系统对应用需求满意程度、区域目标完成情况等。

　　任务完成率：卫星星座调度方案中被观测完成的任务数与总任务数的百分比。

$$
\mathrm{TCP} = \frac{\sum_{i=1}^{n} x_{i,j}^{k}}{n} \tag{7-25}
$$

式中，$j \in [1, 2, \cdots, M_i]$；$k \in [0, 1, 2, \cdots, |TW_{i,j}|]$。

任务完成效益：调度方案中被观测完成的任务的效益总和与总的任务效益总和的百分比。由于各成像任务的观测效益值不同，该指标可用于反映是否权重较大的个体优先被完成：

$$TCV = \sum_{i=1}^{n} C_i x_{i,j}^k \qquad (7\text{-}26)$$

其中，任务完成率和任务完成效益用以综合评估所建立的卫星系统配置方案对应用需求的满足程度、区域目标完成情况等。

任务完成理论上限：在给定的该场景和用户需求上，任务的最大完成情况。可以直观地反映该调度方案的合理性和可靠性；该项性能指标结合调度方案验证结果可有效地避免调度规划算法的优劣对星座对任务需求完成能力的影响，进而反映各项性能指标的可靠性。

(3) 资源使用率。这一类指标用于描述参与调度的所有卫星和传感器资源的负载程度，可以为卫星星座顶层设计部门提供优化卫星参数或卫星系统配置参数的决策依据。此类指标通过统计观测卫星数目、卫星的总开机次数和卫星的总开机时间，进而确定单星占用率、卫星平均资源占用率，以及传感器侧摆次数、总侧摆角度。

单星占用率，在整个仿真周期(或回归周期)内，每颗卫星的工作时间与其最大工作时间的百分比率：

$$SSU_j = \frac{\sum_{k=0}^{|TW_{i,j}|} dt_i x_{i,j}^k}{ds_j} \qquad (7\text{-}27)$$

式中，$i = 1, 2, \cdots, n$，且 $j \in M_i$ 成立。

卫星平均资源占用率，对所有单星占用率取均值，可以定量反映出仿真周期内，整个卫星系统的资源占用情况：

$$ASU = \frac{\sum_{i=1}^{m} SSU_i}{m} \qquad (7\text{-}28)$$

传感器侧摆次数，该调度方案中，要完成分配到每颗星上的所有任务，卫星星载传感器所需要的侧摆次数。

传感器总侧摆角度，该调度方案中，要完成分配到每颗星上的所有任务，卫星星载传感器的各次侧摆角度总和。

(4)时效性。这一类指标主要应用于应急任务和周期性任务。有任务平均响应时长、任务最大响应时长、时间分辨率和各任务时延。任务响应时长是指从调度起始时刻到任务被执行时刻的时间长度，它反映了卫星星座对任务的应用能力。

任务平均响应时长：所有任务响应时长的均值，能够评估卫星系统的动态应用能力：

$$\text{ART} = \frac{\sum\limits_{i=1}^{n} x_{i,j}^{k}(t\text{ws}_i - \text{scs})}{n} \tag{7-29}$$

式中，$j = 1, 2, \cdots, |M_i|$；$k = 0, 1, \cdots, |TW_{i,j}|$。

任务最大响应时长，所有观测任务的最大响应时长，是评估卫星星座动态应用能力的下限。任务最大响应时长越短，表明卫星调度方案对任务的快速反应能力越强：

$$\text{MRT} = \max_{i=1}^{n}\{x_{i,j}^{k}(t\text{ws}_i - \text{scs})\} \tag{7-30}$$

式中，$j = 1, 2, \cdots, |M_i|$；$k = 0, 1, \cdots, |TW_{i,j}|$。

各任务时延，执行方案中为任务分配的执行时间晚于该任务最晚时间限的时长。

时间分辨率，卫星星座对目标重复观测的最大时间间隔，主要应用于周期性观测任务。时间分辨率越小，表明卫星系统对目标重复侦察的能力就越强，卫星星座对周期性任务的应用能力就越好。

当用户需求中针对的是区域目标时，设计者往往还会关心指标的另外一种分布特性，即满足用户需求的点占整个目标区域的比值。在性能评估过程中，首先根据星座构形和目标特征，按照网格点法或者是条带法对区域进行划分，再进行静态能力评估、动态能力评估和统计分析。

7.5.5 调度方案理论分析

调度方案理论分析是指卫星调度规划中对任务完成上下界的分析，其目的在于：

(1)根据得到的理论上下界和调度方案，用于分析调度规划算法的应用能力。

(2)当采用任务规划的方法对卫星星座的动态执行能力进行评估时，调度方案也会直接影响星座性能评估结果，从而使星座的性能一部分是基于调度规划算法的。

(3)结合任务特性，根据得到的理论上下界分析结果，选取适当的调度规划算法。

1. 参数定义

已知卫星资源集合：$S = \{S_1, S_2, \cdots, S_m\}$，任务集合：$T = \{T_1, T_2, \cdots, T_n\}$。$\forall i \in \{1, 2, \cdots, m\}$，$\forall j, k \in \{1, 2, \cdots, n\}$，定义如下。

(1) n_i：卫星 S_i 上的最大成像任务个数。

(2) m_i：卫星 S_i 上当前分配的成像任务个数。

(3) $S_i\_durationtime$：在整个仿真周期内，卫星 S_i 上对所有任务的可见时间窗口集合的并集的总时长。

(4) Cov_j：任务 T_j 的约束成像时长。

(5) $\text{Trans}_{j,k}^i$：在卫星 S_i 上连续执行的两个任务 T_j 和 T_k 的转换时长。

2. 求解过程

Step1：计算场景中每个任务在整个仿真周期内在所有可用资源上的时间窗口集。

Step2：对于卫星 S_i，$i \in \{1, 2, \cdots, m\}$，令所有可以在该资源上成像的任务为 T_j^i，$j \in \{1, 2, \cdots, n\}$，计算 $\{T_j^i \mid j=1, 2, \cdots, n\}$ 集合中所有任务可见时间窗口集的并集；

Step3：$\forall i \in \{1, 2, \cdots, m\}$，计算卫星 S_i 上最大可成像任务个数 n_i，和卫星 S_i 上当前实际成像任务个数 m_i。

Step4：将 $m_i - n_i$ 的结果按由小到大进行排序。

Step5：若 $m_i \leqslant n_i$，记录在卫星 S_i 上分配的所有成像任务，去除在其他星上也包含了的这些任务，并重新计算这些星的 m_i，$i = i+1$，转 Step4；若 $m_i > n_i$，则按照某种方式(任务的权重、执行优先等级、任务执行时长或单位时长的权重等)对任务进行排序，删除任务列表中"效益值"最小的任务，转 Step1。当 $m_i > n_i$ 时，换另一种操作方式：如果 n_i 在此过程中不会随之变化，则可以先排序，然后删除任务列表中"效益值"最小的任务，直至 $m_i \leqslant n_i$ 成立，然后，去除在其他星上也包含了的这些任务，并重新计算这些星的 m_i，$i = i+1$，转 Step4。

3. 分析

(1)若 $n = \sum_{i=1}^{m} m_i$，则表明所有成像任务均可以被执行，且在此情况下可采用确定性算法进行求解(如贪心或动态规划)，生成调度方案。

(2)在初始状态下，首先，计算给定仿真周期内每个时刻点每个资源的任务冲突度，对于没有时间窗口冲突的任务直接安排，并删除对应资源上该任务的执行时间窗口。

(3)该方法适用于求解单星资源争用冲突较大的情况。

4. n_i 计算方法

$\forall i \in \{1, 2, \cdots, m\}$，$\forall j, k \in \{1, 2, \cdots, n\}$：

$$\begin{cases} \text{Cov\_max} = \max\{\text{Cov}_j\} \\ \text{Cov\_min} = \min\{\text{Cov}_j\} \\ \text{Trans\_max}_i = \max\{\text{Trans}_{j,k}^i\} \\ \text{Trans\_min}_i = \min\{\text{Trans}_{j,k}^i\} \end{cases} \tag{7-31}$$

(1)任务完成理论上界：

$$n_i = \left\lceil \frac{S_i\_\text{durationtime}}{\text{Cov\_min} + \text{Trans\_min}_i} \right\rceil \tag{7-32}$$

或先按执行+转换时长对卫星 S_i 上的任务进行降序排序，在小于 $S_i\_$durationtime 的情况下，计算最大可安排任务个数。

(2)任务完成理论下界：

$$n_i = \left\lfloor \frac{S_i\_\text{durationtime}}{\text{Cov\_max} + \text{Trans\_max}_i} \right\rfloor \tag{7-33}$$

或先按执行+转换时长对卫星 S_i 上的任务进行升排序，在小于 $S_i\_$durationtime 的情况下，计算最大可安排任务个数。

7.5.6 运行和维持性能设计

当星座中有卫星失效或是考虑卫星在轨运行过程中受摄动力影响，星座性能降阶时，往往需要考虑星座的运行和维持性能，从而反映星座的服务性能是否仍在可接受范围内。

(1)降阶下覆盖性能。当由于个别资源失效时，整个星座对目标覆盖性能的变化量和满足用户需求的能力，且考虑重新调整星座中卫星轨道参数，改变所在轨道面所耗费的推进剂等能量代价远远超过通过调整相位角所需代价。

(2) 受摄下覆盖性能。星座的运转和构形保持方面的一些性能和星座的几何构形是密切相关的。如考虑星座在受非球形引力、太阳光压和大气阻力等摄动模型下，持续满足任务需求的时长。

例如，对于一个全球覆盖的导航星座，星座构形设计成 Walker 星座(星座构形参数为 *T/P/F*：其中，*T* 为星座中卫星总个数，*P* 为星座的不同轨道面数，*F* 为相位角)。仅从卫星星座的导航精度来看，卫星星座构形 *T/P/F* 分别为 24/3/1 和 24/6/1 的两个星座的性能是基本相当的。但是，当这两个星座中均有一颗星失效时，前者系统性能下降的幅度要远远小于后者，是一种理论上更加稳健的星座构形。

在进行星座构形设计时，将这些与星座几何构形相关的系统性能，作为星座优化设计的重要指标同时考虑，才能充分的反映各个任务之间的相互制约关系，从而获得整体性能最优的卫星星座几何构形。

7.5.7 评估流程建立

卫星星座性能综合评估指标体系用于检验所设计的星座是否满足航天任务要求，图 7-16 为卫星星座性能评估流程。针对本章所设计的卫星星座性能评估体系，根据卫星星座优化设计过程，首先，对一个已有的卫星系统顶层设计方案，进行场景构建。其次，依次采用卫星星座静态能力评估、动态应用能力评估和运行与维持性能评估方法对该卫星系统的配置参数和星座构形进行评估分析。然后，通过对各项评估结果进行分析与仿真，具有针对性的对卫星星座系统设计方案中的关键载荷参数进行调整，生成新的设计方案，再次迭代执行上述星座性能评估过程。最后，通过这样一种反复迭代的过程就可以得到不同卫星星座系统配置参数和星座构形方案下，卫星星座的实际应用性能和效益，从而根据设计目标寻求最优卫星星座系统配置方案，以进一步为卫星星座系统的顶层设计、方案论证提供决策支持。

本章采用多星联合任务规划的方法分析卫星星座的动态应用能力，主要是针对遥感卫星星座分析设计的。卫星星座对地观测动态应用能力评估流程中，本章实现的多星联合任务规划算法的实现流程如图 7-17 所示。此过程是对一个已有的卫星星座场景和一系列星座设计目标，在考虑卫星资源失效和任务变更下，采用智能计算的方法生成最优的卫星星座调度方案，反映卫星星座的实际动态应用能力。

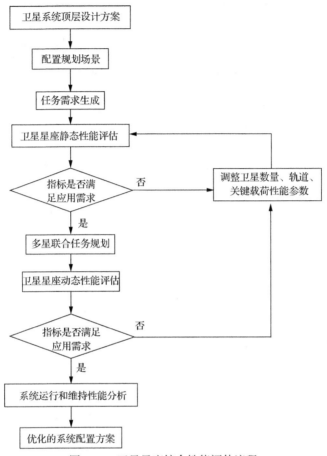

图 7-16　卫星星座综合性能评估流程

7.5.8　应用能力分析

上一节所提出的星座性能评估体系的设计,对资源使用情况和任务完成情况,在时空两方面综合评估了卫星系统的性能。根据所建立的模型和每一项评估指标的定性描述均可以写出相应的定量分析式,同时针对不同的星座设计类型和应用需求,指定整个评估体系中每一项性能指标的权重。

静态能力评估体系旨在给出所建场景中任意对象(资源、目标)之间的可视能力。适用于整个仿真周期内,所有需要考虑资源对目标的可用性和共视性要求等与覆盖相关的星座设计类型,可以用于描述空间和地表上的常规、应急任务的可完成状态。

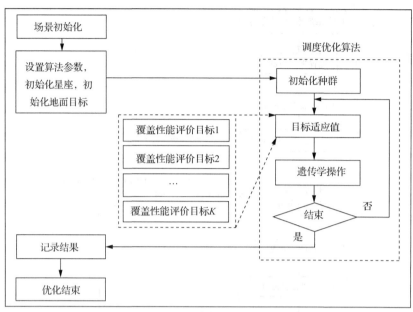

图 7-17　多星联合任务规划算法流程

动态能力评估体系旨在评判星座对具体任务的满足程度和星座的应用效率。若采用任务规划的方法评价卫星的动态任务执行性能，则调度方案验证和任务完成上限指标是必不可少的；任务完成能力中的所有指标主要是对任务规划能力的分析，资源利用情况中的所有指标主要是对星座中资源的使用性能的分析，这两类指标适用于所有常规和应急任务；针对应急任务的特点，时效性分析中的所有指标可以综合反映星座对一些应急任务的响应能力。

运行和维持性能用于反映满足用户需求的不同星座构形，在考虑卫星失效和摄动力的影响下，星座覆盖性能的降阶情况，该性能分析结果可以选出较优的卫星星座几何构形。

该评估体系具有较强的可扩展性，如果在应用过程中需增加或删除某项指标，只需要在准则层的相应结构上进行修改即可。

7.6　决策支持系统设计与实现

本章前几节已经介绍了航天理论、星座优化设计等方面的基本知识和在星座性能评估体系的设计实现上所做的工作，本章的另外一个工作就是在实验室前期工作的基础上，开发了决策支持软件（CSTK scheduler and performance estimation）。本章将从软件整体架构、主要模块、设计效果等方面来介绍。

CSTK scheduler and performance estimation 软件实现了对 CSTK 场景中的资源调度和性能评估问题。通过该系统软件，可以方便地控制场景中应用到的各类资源，以及安排和执行场景中的主要任务，并能够对场景中给定星座和生成的调度方案进行科学的评估和论证。然后对调度方案和各项性能评估结果进行图表显示和二维、三维动态仿真。作为一个直观的辅助工具，该软件能够为相关领域的工程技术人员提供一个简单便捷的操作平台和应用环境，从而加快技术人员的工作效率。

在动态能力评估体系的实现中，软件还专门提供了调度规划操作的接口。包括复杂约束下的卫星规划与调度。可以将所有约束条件分为两类：资源、任务。该软件实现了调度方案的验证功能，主要是对调度规划操作生成的调度方案进行正确性和完备性验证。正确性主要指生成的调度方案是否满足提出的各项操作约束；完备性是通过用确定性算法测试未完成的任务是否在空余的时间窗口内被执行。

7.6.1 开发环境

现今软件系统的开发已经有工程级别的理论基础，在本章仿真系统的开发过程中，遵循以下原则。

(1)采用面向对象的程序设计方法。一方面是开发语言采用面向对象语言(如 C++、java、C#等)，这样好处是尽可能使代码重用性、扩展性、可维护性得到提高；另一方面是系统的架构设计尽可能地采用成熟的设计模式，模块划分清晰，从而保证架构的可扩展、高内聚低耦合等特性。

(2)为用户提供清晰简介的人机交互，避免歧义。

(3)尽量保证代码的可读性。

(4)对于底层代码实现(不涉及 UI 的代码)，尽可能地使用和 UI 库无关、和平台无关的类库工具(如使用 C++语言时候只使用最基本的 C++，而不是 Boost 类库等)，从而最大可能保证代码的可移植性。

(5)软件图形界面设计是在 Window 下采用 MFC 开发，可视化部分采用 OpenGL 开发。开放的图形程序接口(open graphics library, OpenGL)定义了一组跨编程语言、跨平台的三维图像(二维亦可)仿真接口的规格。其功能强大，是目前行业领域中最为广泛接纳的 2D/3D 图形 API。支持 Windows 95、Windows NT、Unix、Linux、MacOS、OS/2 等一系列系统，使用简便，效率高(它绕过 CPU 直接与 GPU 交互)。

7.6.2 系统底层结构设计

软件平台的结构设计如图 7-18 所示。

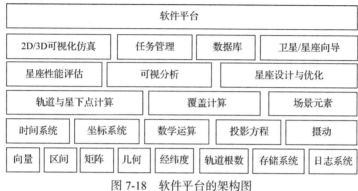

图 7-18 软件平台的架构图

在系统底层架构实现中，有四个主要实现的模块。

1. 数学计算

（1）矢量计算类。包含了矢量的存储及矢量运算，如矢量加、矢量减、矢量点积、矢量叉积等。

（2）矩阵运算类。在卫星轨道计算和覆盖分析中，需要用到各类坐标系统之间的相互转换，如考虑岁差、章动和极移影响下的坐标转换。

（3）区间运算类。主要负责时间窗口、经度条带和纬度条带集合的合并运算。

（4）经纬度类。提供经纬度的存储、比较、共轭等相关功能。

（5）球面几何类。主要负责球面几何运算。在覆盖计算中，经常涉及卫星传感器与地球上区域相交计算、覆盖判断等。根据常见的传感器形状和地球上任意多边形区域，将常用的球面几何分为下面四种：①球面弧段；②球面圆；③球面三角形；④球面多边形。并且将常用的球面几何计算统一起来，设计了球面几何关系类，主要处理球面几何之间的运算。

（6）锥体与投影方程类。该类设计目的是解决任意传感器形状的需求。目前 CSTK 中传感器形状只是简单圆锥体传感器和矩形传感器。但实际中，还有复杂圆锥体传感器、SAR 传感器，以及可能出现的任意形状传感器。为了统一，可以通过锥体去表达传感器的形状。把传感器当作一个锥体，锥体的形状通过投影方程进行描述。锥体可以通过二次曲线方程、多项式方程、傅里叶级数和直线方程任意组合而成，那么锥体的形状、种类就很多了，对应了不同的传感器形状需求。

（7）立体几何类。主要是为了计算空间目标覆盖情况而设计。对于空间目标覆盖计算要求，主要涉及立体几何与锥体的计算。

(8)普通数学运算类。主要是为了求解简单的数学方程。例如：

$$\begin{cases} A\cos x + B\sin x = C \\ ax^2 + bx + c = 0 \end{cases} \tag{7-34}$$

2. 天文计算

(1)轨道计算。轨道计算中，将地球模型分为两种标准球体和标准椭球体。目前 CSTK 中只有标准球体。轨道模型分为二体轨道和考虑了大气阻力、太阳光压及地球非球形的摄动轨道，摄动轨道分为积分器求解摄动和分析法求解摄动。目前只实现了积分器求解摄动，但是如果需要计算很长时间的轨道，积分器消耗时间很大，分析法最大的作用就是可以采用分析方法，分析轨道规律，直接解析。

(2)覆盖计算。覆盖计算方法有：网格点法、经度条带法、纬度条带法和星座连续覆盖快速判断法。用来计算得到覆盖率和判断星座是否能够在给定的连续时间内达到无缝覆盖要求。

(3)时间窗口计算。时间窗口计算分为卫星对地面目标的时间窗口计算、卫星对空间目标的时间窗口计算、带侧摆时对上述目标的时间窗口计算和地面站对航天器时间窗口的计算。

3. 场景对象

场景对象包括：场景，卫星，传感器，地面站，地面目标(点目标、线目标、区域目标、纬度带目标、极冠目标、全球目标)，空间目标，星座。

底层实现在对象创建时，优化对象创建方式，权限控制和定义对象 ID 命名规则。在场景对象中，定义了对象关系类：①对象 A 对对象 B 的可视情况；②对象 A 对对象 B 的时间窗口。例如，地面站对卫星的可视情况、卫星对导弹的时间窗口等。

同时为了保存场景对象中的数据，定义了数据仓库类，主要用于保存海量数据，防止对象过大、数据重复计算，为了方便管理，将不好归类的数据进行统一管理。保存卫星各种坐标(天球系、地固系等)下的位置、速度、加速度、星下点，以及覆盖计算中网格点法每个网格点的时间窗口。

4. 星座设计

本系统在星座设计实现中，星座可以分为以下几种：Walker 星座、玫瑰星座、花型星座、星形星座、同构星座(a,e,i 相同)、异构星座(a,e,i 可以不同)、混合星座(上述星座的任意组合)。

覆盖区域可以分为:全球目标、纬度带目标、区域目标、线目标、点目标。

覆盖类型可以分为:连续性覆盖、间断性覆盖、统计性覆盖。连续性覆盖是指给定时间段内无缝隙覆盖;间断性覆盖是指连续覆盖中间可间断给定时间;统计性覆盖是指每天覆盖 N 次,达到 N 重覆盖等统计性指标。

在星座设计中,常常有一些设计约束条件,主要包括:星座类型要求、轨道根数要求、轨道模型要求。

星座设计方法通常有:覆盖带法、特征区域分析法、共地面轨迹法和演化算法。

7.6.3 系统顶层架构设计

系统设计架构如图 7-19 所示,分为主控模块、想定管理模块、覆盖计算模块、调度规划模块、应急调度模块、卫星星座性能评估模块和调度方案的可视化展现模块。

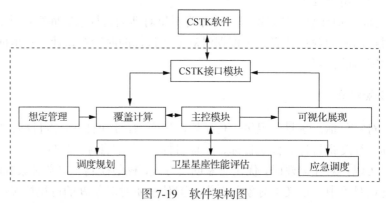

图 7-19 软件架构图

(1)主控模块。负责系统各模块之间的数据传输和信息交换,是系统各功能模块的连接枢纽,用以控制系统的运行逻辑。

(2)想定管理模块。提供系统与用户之间的交互,主要有场景规划管理、卫星资源管理和任务需求生成操作,用以定义卫星资源、地面站资源和用户需求。

(3)覆盖计算模块。调度预处理模块也称为可视计算模块,是为星地可视分析准备输入数据,此时也可以考虑任务、资源和操作约束等基本要素。计算卫星与目标之间的可见时间窗口约束。

(4)调度规划模块。通过对所建场景中的资源、任务需求和操作约束进行建模,并根据星座优化设计目标,设计相应的求解算法,生成多星联合对地观测方案和数据传输方案，并将调度结果以数据报表的形式存储。

(5)应急调度模块。在一个已有的场景和卫星调度方案的基础上，考虑到资源失效和任务动态变化下的卫星应急调度问题，对目前新的场景进行重新规划调度，并将调度结果以数据表的形式存储。

(6)卫星星座性能评估模块。通过读取星座场景和可视计算，以及调度方案结果，采用性能评估体系指标进行综合分析。

(7)可视化展现模块。该模块的实现为卫星星座性能评估的各项评估指标结果提供图表格式的显示，对某一场景的可视计算结果和调度方案提供 Gantt 图和报表显示，并为所创建的场景提供二维和三维仿真。

7.7　软件实现

7.7.1　总控模块

图 7-20 所示是本章设计开发的系统主界面，负责控制系统的运行逻辑。

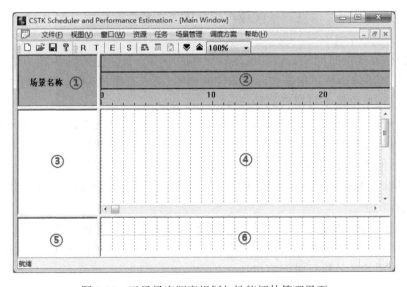

图 7-20　卫星星座调度规划与性能评估管理界面

1. 菜单栏

(1)资源：包括卫星、传感器和地面站等资源的添加修改和删除操作，以及资源的可用性、利用率和容量的属性报表和评估报表。

(2)任务：包括点目标和区域目标的添加、修改和删除，以及任务覆盖情况和完成情况等各项指标的图表显示。

(3)场景管理：包括想定管理、星地可见时间窗口计算、目标覆盖情况分析、调度规划操作、应急调度操作、星座和调度方案的性能评估、与 CSTK 的相互通信接口。

(4)调度方案：包括调度预处理结果和调度方案的可视化展现，按任务名称和执行时间顺序排序，并以图形和报表的方式进行仿真。

2. 工具栏

工具栏包含了调度规划过程中常用到的一些便捷操作。

3. 可视区

在图 7-20 所示的软件系统界面图中，可视区①~⑥分别为场景名称、仿真周期时间轴、任务列表区、任务执行状态区、资源列表区和资源利用状态区六个区域。

(1)场景名称等信息。该区域在软件界面中的分布位置见图 7-20 中的①号区域。

(2)仿真周期时间轴。该区域在软件界面中的分布位置见图 7-20 中的②号区域。时间轴单位步长可根据实际要求随时调整(第一行单位为天，第二行单位为小时。第三行单位最小可精确到秒)。

(3)任务列表区。该区域在软件界面中的分布位置见图 7-20 中的③号区域。当在场景中添加任务后会实时在任务列表中进行更新，同时对调度方案和应急方案操作后的所有任务的变化情况用不同颜色标记，可以直观的展现各任务的不同状态，同时，鼠标左键点击对应的任务会弹出提示框，显示该任务的详细执行过程和执行状态。

(4)任务执行状态区。该区域在软件界面中的分布位置见图 7-20 中的④号区域。该区域用小矩形框的方式描述任务在整个仿真周期内的星地可见情况和经过调度规划后的任务执行时间窗口。

(5)资源列表区。该区域在软件界面中的分布位置见图 7-20 中的⑤号区域。当在场景中添加卫星传感器任务后会实时在资源列表中进行更新，同时用不同颜色标记了资源的可用状态。

(6)资源利用状态区。该区域在软件界面中的分布位置见图 7-20 中的⑥号区域。在整个仿真周期内每一项资源的可用时间段范围和经过调度规划后，所有在这一项资源执行的任务的时间窗口集合。

7.7.2 想定管理模块

想定管理即场景管理，系统中一个独立的场景文件定义了卫星资源、传感器资源、地面站和待观测的地面目标的数据格式。该模块可以看作是系统和用户之间的交互接口，根据星座设计方案和验证方法，设置相应的参数。在本系统中在想定管理模块的实现上主要实现了以下三种操作。

1. 场景管理

系统中场景管理定义了场景规划分析的起止时间和仿真步长，仿真起止时间提供不同时间系统的输入，如图 7-21 所示，可用于设计分析不同时间段内卫星星座的应用能力。

图 7-21　场景管理

2. 卫星资源管理

系统为场景中要用到的各类卫星、传感器、地面站和目标资源建立了数据库，当场景中要用到特定的一些资源数据时，可以直接从数据库导入，对建立的场景中的各类资源进行统一管理，并对所有用到的载荷的基本属性和操作约束进行统一规范的描述，也为多星联合任务规划提供了可能，并且方便卫星星座优化设计人员进行随时的调整卫星星座中的各类参数和星座构形，为相关工作人员提供了简洁便捷的操作平台。卫星和传感器资源的管理分别如图 7-22 和图 7-23 所示。可以选定指定的资源对其属性和可用性进行修改，同样，也可以选择删除场景中的该项资源。若删除的是卫星，则会一起删除该卫星上所携带的传感器资源。

图 7-22　场景资源管理图

图 7-23　传感器资源管理

为便于用户操作，卫星的添加可以选择直接从数据库中进行导入，也可以选择自己手动输入、修改卫星轨道参数，如图 7-24 所示。

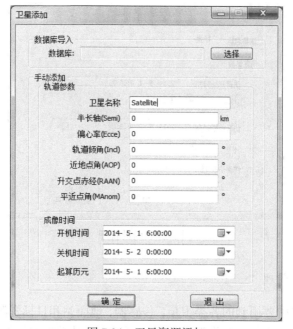

图 7-24　卫星资源添加

同样，卫星星载传感器的添加目前包含了简单圆锥角和矩形等不同类型的成像类型，以及对应的相关参数的设置，如图 7-25 所示；点击下一步，进入到传感器的可用时间窗口的设置，如图 7-26 所示。

图 7-25　传感器资源添加

图 7-26　传感器资源添加

3. 任务需求生成

为了反映不同类型应用卫星和具有各类典型地理分布特征任务需求下，卫星星座的实际应用性能，系统实现了对各种类型观测任务的覆盖计算操作；同时，为了方便用户一次性加载大量的观测目标，系统实现了从数据库和用户自己建立的目标文件进行导入观测目标的方式。任务需求的生成目前包括点目标和区域目标两种成像类型，成像目标的添加同样包含了部分任务操作约束，其中点目标的管理如图 7-27 所示。

7.7.3　覆盖计算模块

用户提交的原始成像需求往往并不能指定观测资源，其可能的观测时间窗口也不确定，而且很多复杂的用户需求如周期性成像任务、大面积区域目标成像任务等，是难以一次性完成观测的，如果直接将原始的用户需求作为输入数据，将会给任务规划建模求解过程带来很大的困难。因此，有必要预先对原始用户需求进行一些处理：一方面可以根据用户需求参数和卫星资源的能力等操作约束进行初步匹配和筛选，重点是确定每个单一点目标成像任务的可选卫星以及对应的时间窗口；另一方面需要对复杂成像任务进行分解，生成类似单一点目标一样能够一次性完成观测，从而可以直接调度的单一子任务。该过程为调度模型的建立和求解提供了必要的数据准备，并且降低了模型的复杂度，也进一步提高了调度的效率。该功能模块的实现提供了对不同资源和成像目标的一键选择，如图 7-28 所示。点击计算后就可计算所选取的传感器资源和成像目标的星地可见时间窗口的分析。

图 7-27　点目标任务管理

图 7-28　时间窗口计算

计算完成后会有弹窗提示，并通过"查看结果"操作读取星地可见时间窗口的分析，结果如图 7-29 所示。

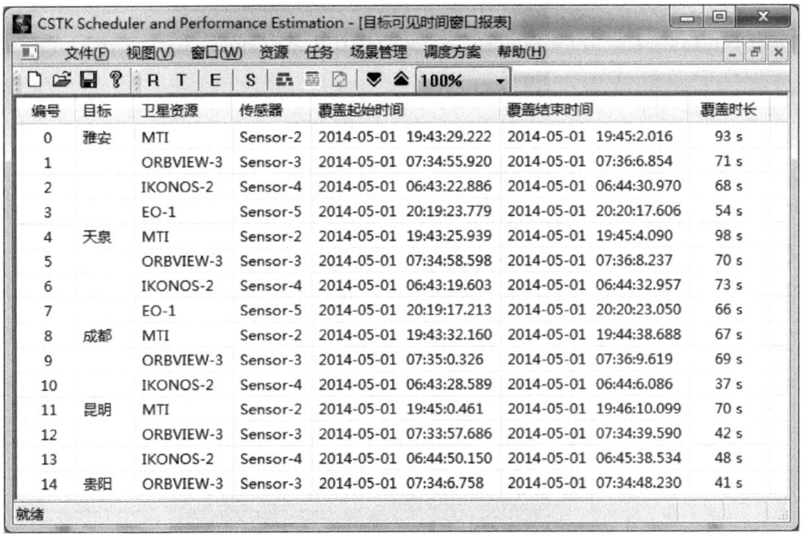

编号	目标	卫星资源	传感器	覆盖起始时间	覆盖结束时间	覆盖时长
0	雅安	MTI	Sensor-2	2014-05-01 19:43:29.222	2014-05-01 19:45:2.016	93 s
1		ORBVIEW-3	Sensor-3	2014-05-01 07:34:55.920	2014-05-01 07:36:6.854	71 s
2		IKONOS-2	Sensor-4	2014-05-01 06:43:22.886	2014-05-01 06:44:30.970	68 s
3		EO-1	Sensor-5	2014-05-01 20:19:23.779	2014-05-01 20:20:17.606	54 s
4	天泉	MTI	Sensor-2	2014-05-01 19:43:25.939	2014-05-01 19:45:4.090	98 s
5		ORBVIEW-3	Sensor-3	2014-05-01 07:34:58.598	2014-05-01 07:36:8.237	70 s
6		IKONOS-2	Sensor-4	2014-05-01 06:43:19.603	2014-05-01 06:44:32.957	73 s
7		EO-1	Sensor-5	2014-05-01 20:19:17.213	2014-05-01 20:20:23.050	66 s
8	成都	MTI	Sensor-2	2014-05-01 19:43:32.160	2014-05-01 19:44:38.688	67 s
9		ORBVIEW-3	Sensor-3	2014-05-01 07:35:0.326	2014-05-01 07:36:9.619	69 s
10		IKONOS-2	Sensor-4	2014-05-01 06:43:28.589	2014-05-01 06:44:6.086	37 s
11	昆明	MTI	Sensor-2	2014-05-01 19:45:0.461	2014-05-01 19:46:10.099	70 s
12		ORBVIEW-3	Sensor-3	2014-05-01 07:33:57.686	2014-05-01 07:34:39.590	42 s
13		IKONOS-2	Sensor-4	2014-05-01 06:44:50.150	2014-05-01 06:45:38.534	48 s
14	贵阳	ORBVIEW-3	Sensor-3	2014-05-01 07:34:6.758	2014-05-01 07:34:48.230	41 s

图 7-29　星地可见时间窗口分析

7.7.4　调度规划模块

调度规划模块的实现提供了调度算法的接口，针对一个具体的规划场景，生成成像任务规划方案。系统中目前集成了基本的遗传算法和基于启发式思想的改进遗传算法，如图 7-30 所示。

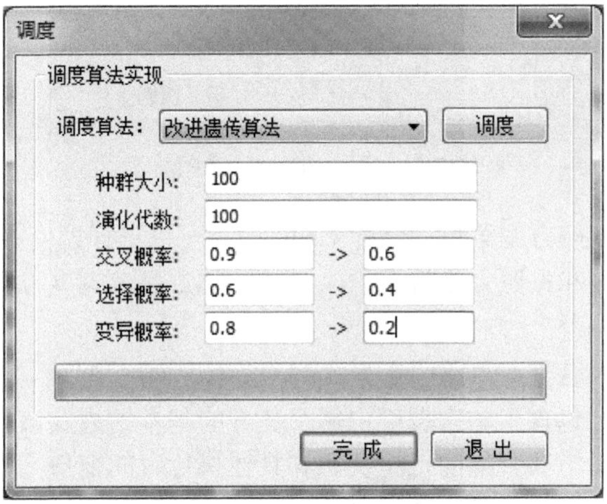

图 7-30　调度规划模块

该系统实现了调度规划结果的 Gantt 图显示，针对本次测试实例，调度规划结果如图 7-31 所示。从 Gantt 图的任务列表中可以看到每个任务的具体完成情况，灰色阴影框表示完成，空白框表示未完成，在右侧的时间窗内，空白框表示对应目标的所有可见的时间窗口，灰色阴影框代表执行时间窗口。鼠标左键点击左侧区域点目标的灰色阴影框区域，可以看到该目标的具体被执行情况，包括成像卫星和传感器及为其分配的执行时间窗口。如果该任务没有被完成，则同样会显示该任务未被完成的原因(包括没有时间窗口、成像类型不满足、资源冲突等)。在资源列表区可以看到执行该调度操作的场景资源，以及各项资源对应的可用状态，灰色阴影框代表可用，空白框代表当前不可用。在调度方案的 Gantt 图显示上，实现了时间窗口的缩放功能，通过点击工具栏上的向上和向下的箭头可以对单位时间步长进行缩放操作，以便于用户分析和查看。

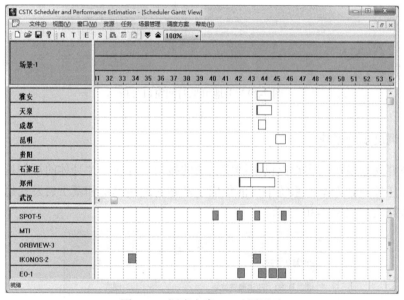

图 7-31　调度方案 Gantt 图显示

在菜单栏的调度方案菜单中选择 Gantt 图，可以选择调度方案的显示类型(包括按成像类型排序和按照完成时间排序)。图 7-32 是该调度方案按执行时间排序的结果。

在菜单栏的调度方案菜单中选择 Table 选项，调度规划结果文件如图 7-33 所示。调度规划结果包含了本次调度中每个任务的基本约束及该任务是否被完成，如若完成，则显示为其分配的卫星资源和具体执行时间窗口；如若未完成，同样会分析显示该任务未被完成的原因。

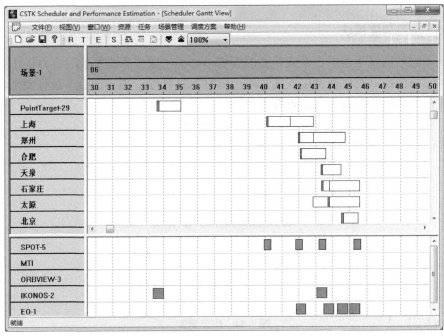

图 7-32　调度方案 Gantt 图显示

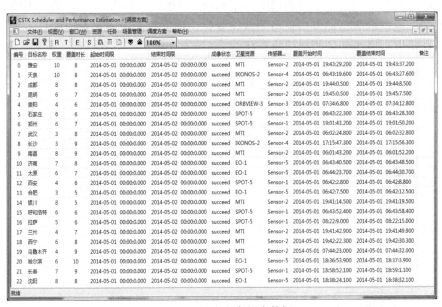

图 7-33　调度方案报表数据

7.7.5 应急调度模块

考虑到场景中由于资源或任务的变更，如卫星或传感器资源失效、新任务添加等应急情况下的快速调度方案生成，如图 7-34 所示。如果当前场景有变化，可以在任务和资源列表中实时查看到。

图 7-34　应急调度

经过应急规划后，生成的调度方案 Gantt 图如图 7-35 所示。任务列表中任务的不同颜色表示应急调度后任务的状态变化。用鼠标左键点击对应的任务项，会弹出提示框，描述任务的当前执行状态。

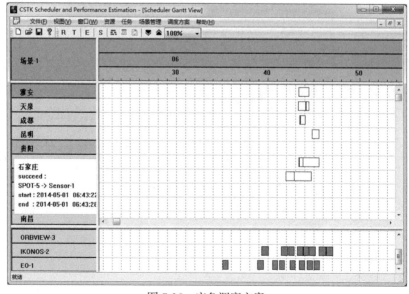

图 7-35　应急调度方案

7.7.6 性能评估模块

该模块的实现分为两个方面，即卫星星座对地观测静态能力评估和卫星星座对地观测动态能力评估。系统性能评估模块如图 7-36 所示。针对上述资源属性和用户需求，分别采用静态能力评估和动态能力评估的方式，分析给定卫星系统的任务执行能力。在已有的静态能力评估结果的基础上，在满足各项操作约束的前提下，采用任务规划的方式对卫星系统的动态应用能力进行评估，从而反映卫星系统的动态能力执行效能。

图 7-36 系统性能评估

1. 卫星星座对地观测静态能力评估

先选择具体的覆盖类型和覆盖目标进行分析，针对点目标的有总覆盖时间、覆盖百分比、覆盖次数、最大覆盖时长、最小覆盖时长、平均覆盖时长、最大覆盖间隔、平均覆盖间隔和最大响应时间，其中最大响应时间可以指定规划场景内的任意一个起始时刻，计算最小完成覆盖所需时间。点目标覆盖分析如图 7-37 所示。

同样，可以通过"查看结果"，查看该目标的具体被覆盖情况，如图 7-38 所示。

图 7-37　点目标静态评估

场景访真时间 ：2014-05-01　06:00:0.000　->　2014-05-02　00:00:0.000

目标	覆盖时间窗口				覆盖时长	覆盖重数	覆盖资源
雅安 ：							
	2014-05-01	06:43:22.886	2014-05-01	06:44:30.970	68.0832	1	IKONOS-2->Sensor-4
	2014-05-01	07:34:55.920	2014-05-01	07:36:6.854	70.9344	1	ORBVIEW-3->Sensor-3
	2014-05-01	19:43:29.222	2014-05-01	19:45:2.016	92.7936	1	MTI->Sensor-2
	2014-05-01	20:19:23.779	2014-05-01	20:20:17.606	53.8272	1	EO-1->Sensor-5
天泉 ：							
	2014-05-01	06:43:19.603	2014-05-01	06:44:32.957	73.3536	1	IKONOS-2->Sensor-4
	2014-05-01	07:34:58.598	2014-05-01	07:36:8.237	69.6384	1	ORBVIEW-3->Sensor-3
	2014-05-01	19:43:25.939	2014-05-01	19:45:4.090	98.1504	1	MTI->Sensor-2
	2014-05-01	20:19:17.213	2014-05-01	20:20:23.050	65.8368	1	EO-1->Sensor-5
成都 ：							
	2014-05-01	06:43:28.589	2014-05-01	06:44:6.086	37.4976	1	IKONOS-2->Sensor-4
	2014-05-01	07:35:0.326	2014-05-01	07:36:9.619	69.2928	1	ORBVIEW-3->Sensor-3
	2014-05-01	19:43:32.160	2014-05-01	19:44:38.688	66.528	1	MTI->Sensor-2
昆明 ：							
	2014-05-01	06:44:50.150	2014-05-01	06:45:38.534	48.384	1	IKONOS-2->Sensor-4
	2014-05-01	07:33:57.686	2014-05-01	07:34:39.590	41.904	1	ORBVIEW-3->Sensor-3
	2014-05-01	19:45:0.461	2014-05-01	19:46:10.099	69.6384	1	MTI->Sensor-2
贵阳 ：							
	2014-05-01	07:34:6.758	2014-05-01	07:34:48.230	41.472	1	ORBVIEW-3->Sensor-3
石家庄 ：							
	2014-05-01	06:04:14.966	2014-05-01	06:06:14.630	119.664	1	MTI->Sensor-2
	2014-05-01	06:43:22.282	2014-05-01	06:43:49.757	27.4752	1	SPOT-5->Sensor-1
	2014-05-01	06:43:49.757	2014-05-01	06:44:27.168	37.4112	2	SPOT-5->Sensor-1 and EO-1->Sensor-5
	2014-05-01	06:44:27.168	2014-05-01	06:45:37.843	70.6752	1	EO-1->Sensor-5

图 7-38　点目标覆盖分析

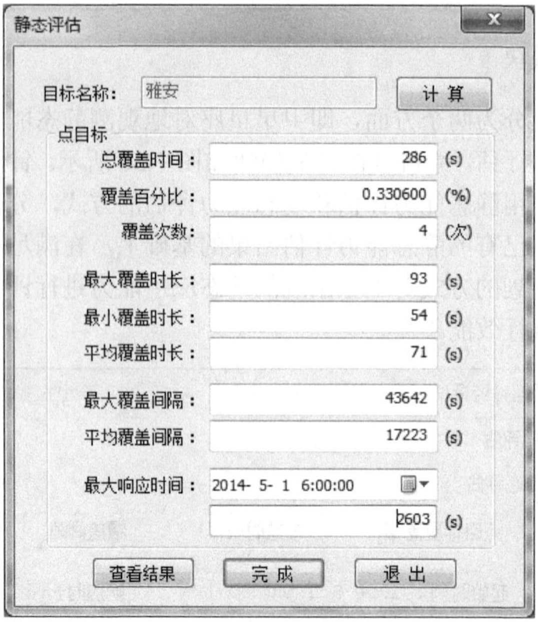

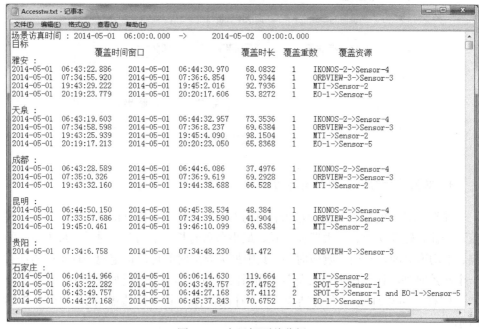

区域评估是对指定的覆盖区域，选择不同的覆盖算法，该模块实现的覆盖算法实现可采用经度条带法和两种不同的网格点法进行覆盖分析，精度表示网格点的大小或是精度条带的宽度，如图 7-39 所示。计算结束后会有弹窗提示。文档中的覆盖结果显示了仿真周期内的每个精度条带的覆盖情况，包括覆盖重数和纬度带区间，如图 7-40 所示。

图 7-39　区域目标静态评估

图 7-40　区域目标静态评估结果

点目标覆盖率分析图如图 7-41 所示，提供了调度规划中每个点的每重覆盖的百分比，覆盖百分比是仿真周期内该目标能被覆盖的总时长和仿真周期的比值。

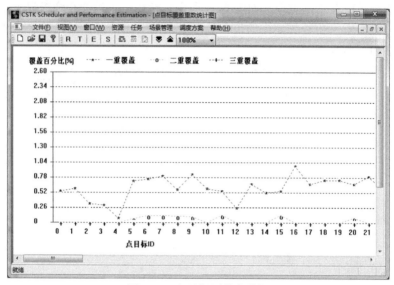

图 7-41　点目标覆盖率分析

点目标覆盖时长分析图如图 7-42 所示，提供了在整个仿真周期内，调度规划中每个点的最大覆盖时长、平均覆盖时长和最短覆盖时长。

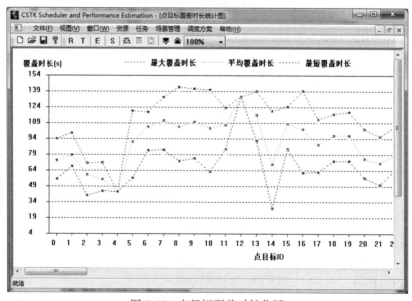

图 7-42　点目标覆盖时长分析

点目标覆盖间隔分析图如图 7-43 所示，提供了在整个仿真周期内，调度规划中每个点的最大覆盖时间间隔和平均覆盖时间间隔。

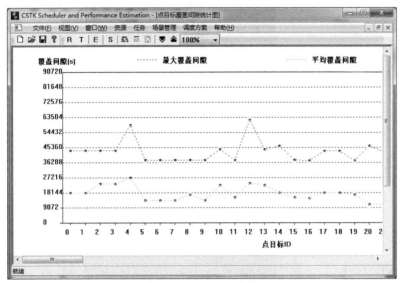

图 7-43　点目标覆盖间隔分析

点目标覆盖响应时长分析图如图 7-44 所示，提供了在整个仿真周期内，调度规划中以任意时刻为起始点的目标最大响应时长。

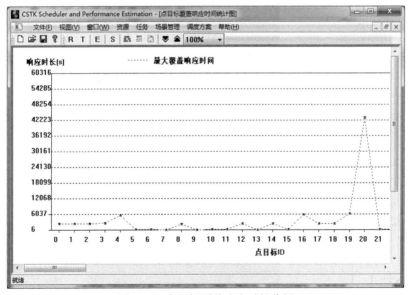

图 7-44　点目标覆盖响应时长分析

2. 卫星星座对地观测动态能力评估

卫星星座对地观测动态能力评估的实现分为调度方案验证、任务完成情况、资源使用情况和时效性四项基本操作。其中调度方案的验证分为调度方案的正确性和调度方案的完备性两项基本指标，首先，验证给定的调度方案是否满足资源和任务的各项操作约束，各项操作约束可以直接通过对话框进行勾选，在验证调度方案正确性的基础上，进一步分析对于指定的场景和用户需求，是否存在因资源冲突未完成的任务可在该调度方案的基础上完成，如图 7-45 所示。

当验证完成后，同样会有弹窗提示，并在"ErrorList.txt"文件中存放验证结果，包括调度方案中哪项任务不满足哪项约束，在该调度方案的基础上还有哪些任务可以被执行，以及可为其分配的卫星传感器资源和执行时间窗口。

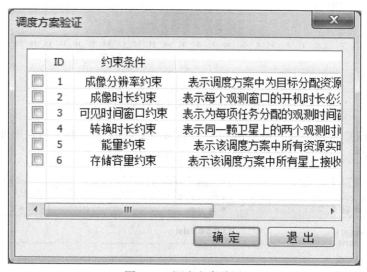

图 7-45　调度方案验证

任务评估模块展示了在当前给定资源、任务和约束条件的情况下任务的完成情况。包括本次成像过程中，带权重的成像目标的总数、任务完成理论上限、完成情况和因没有时间窗口、图像分辨率不满足、资源冲突未被安排、时间窗口不满足等因素而未能完成的成像任务的情况。任务完成率指标的评估结果如图 7-46 所示，其中任务完成收益表示经过调度引擎模块获得的任务完成率结果。通过点击详细信息可以查看本次调度的最优结果。

任务完成情况评估
任务完成情况
任务完成效益 92.819148 %
任务总数 136 (个)
理论完成任务上限 129 (个) 94.852941 %
实际完成任务情况 126 (个) 92.647058 %
没有可见时间窗口 7 (个) 5.147058 %
图像分辨率不满足 0 (个) 0 %
资源冲突未被安排 3 (个) 2.205882 %
详细信息
退 出

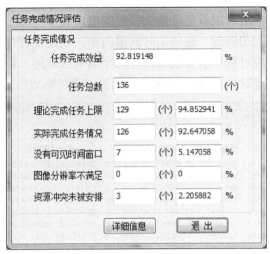

图 7-46　任务完成情况

资源评估模块展示了在当前给定资源、任务和操作约束条件的情况下的资源利用情况。包括在本次成像过程中，卫星系统中的每一项传感器资源的类型、状态、开关机时长、由该传感器完成的成像覆盖的总时长、资源利用率指标、总侧摆次数、总侧摆角度，以及活动资源的平均资源利用率。图 7-47 是本次调度结果中的资源利用率情况，通过选中系统中的某项资源可以查看该资源的详细利用情况。

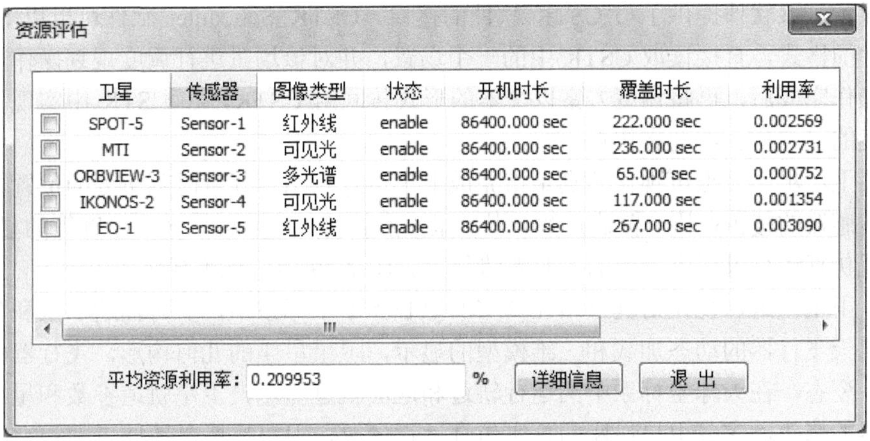

资源评估
卫星 传感器 图像类型 状态 开机时长 覆盖时长 利用率
SPOT-5 Sensor-1 红外线 enable 86400.000 sec 222.000 sec 0.002569
MTI Sensor-2 可见光 enable 86400.000 sec 236.000 sec 0.002731
ORBVIEW-3 Sensor-3 多光谱 enable 86400.000 sec 65.000 sec 0.000752
IKONOS-2 Sensor-4 可见光 enable 86400.000 sec 117.000 sec 0.001354
EO-1 Sensor-5 红外线 enable 86400.000 sec 267.000 sec 0.003090
平均资源利用率: 0.209953 %
详细信息
退 出

图 7-47　资源使用情况

时效性评估模块的实现主要是针对应急任务和周期性成像任务而言，该模块的实现展示了在当前给定资源、任务和约束条件情况下的时间分配情况，反映了在本次成像过程中，所有成像任务的成像时间窗口分布情况，包括每一项成像任务的调度结果、分配的资源、任务的时间限约束，以及是否有时延且时延时长。同时反映了本次调度过程中所有成像任务的平均响应时间、最大响应时间和任务时延个数及平均时延时长。图 7-48 是本次调度结果的时效性评估结果。

图 7-48　时效性评估

7.7.7　可视化展现模块

除了软件中提供的调度方案 Gantt 图和卫星星座各项数据报表与图表的可视化显示，该软件提供了与 CSTK 软件的接口。CSTK Scheduler 软件可以以 SML 文件的格式，直接读取 CSTK 中的一个场景，并对该场景进行调度规划操作，调度操作完成后，再将调度方案以文本的形式传回给 CSTK，在 CSTK 中实现调度方案的二维和三维动态仿真。

卫星星座二维可视化仿真是指完成卫星运行状态、任意时刻所处的位置、星载传感器的覆盖范围、覆盖重数、卫星星下点轨迹、地面目标区域轮廓等的显示，实现仿真运行过程中场景的实时态势显示。图 7-49 为二维可视化效果。

卫星三维可视化仿真是指在真实的地心赤道坐标系中，实时描述卫星和其他各航天飞行器的动态加载和三维模型的显示，卫星星座的几何构形，飞行器的位置、姿态，在天球坐标系中的运行轨迹和地面轨迹显示，卫星轨道参数和星载传感器的修改，完成卫星星座的真实仿真运行情况，卫星星座对地球表面和空间区域的覆盖范围和覆盖重数等实时覆盖情况的显示，以及观测视点的实时切换。图 7-50 为三维可视化效果。

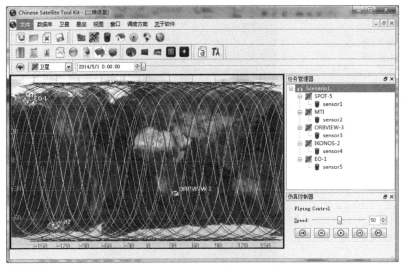

图 7-49　二维仿真

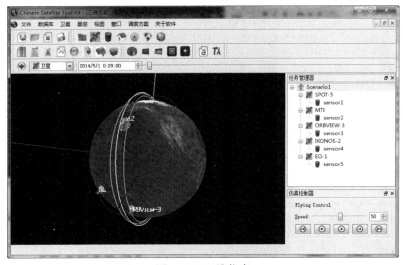

图 7-50　三维仿真

参 考 文 献

包建全, 戴光明, 谭毅,等. 2010. 卫星星座优化与仿真平台设计与实现. 小型微型计算机系统, 31(11): 2291-2295

曹喜滨, 张锦绣, 孙兆伟. 2004. 卫星任务分析与轨道设计数字化平台. 系统仿真学报, 16(10): 2230-2233

柴霖, 袁建平, 方群,等. 2003. 基于 STK 的星座设计与性能评估. 宇航学报, 24(4): 421-423

陈济舟, 王钧, 李军,等. 2009. 卫星任务规划算法综合评价技术研究. 计算机工程, 35(20): 59-65

陈晓宇, 王茂才, 戴光明,等. 2015. 卫星星座性能评估体系的设计与实现. 计算机应用与软件, 32(11): 44-48

戴光明, 王茂才. 2009. 多目标优化算法及在卫星星座设计中的应用. 武汉:中国地质大学出版社

范丽, 张育林. 2006. 强约束条件下星座一体化优化设计方法研究. 宇航学报, 27(4): 779-782

范丽. 2006. 卫星星座一体化优化设计方法研究. 长沙:国防科技大学博士学位论文

韩雪峰, 张海忠, 郑广伟. 2014. 区域卫星导航系统覆盖性能分析. 测绘与空间地理信息, 37(3): 149-150

贺仁杰, 李菊芳, 姚峰, 等. 2011. 成像卫星任务规划技术. 北京:科学出版社

贺勇军, 戴金海, 李连军. 2004. 复杂多卫星系统的综合建模与仿真. 系统仿真学报, 16(5): 871-875

毛钧杰, 黎湘, 王宏强, 等. 2008. 星座区域导航性能和关键星分析. 中国空间科学技术, 5: 20-24

宋鹏涛, 马东堂, 李树峰, 等. 2007. 军用卫星星座效能评估指标体系研究. 现代电子技术, 15: 43-45

宋志明. 2015. 星座对地覆盖问题的形式化体系构建与求解算法研究. 武汉:中国地质大学博士学位论文

孙凯, 陈英武, 李菊芳,等. 2008. 地球观测卫星系统性能评价指标体系研究. 中国系统工程学会第十五届年会论文集, 南昌, 中国

王启宇, 袁建平, 朱战霞. 2006. 对地观测小卫星星座设计及区域覆盖性能分析. 西北工业大学学报, 24(4): 427-430

王启宇, 袁建平, 朱战霞. 2007. 卫星星座及其覆盖问题建模与可视化仿真. 系统仿真学报, 19(15): 3452-3455

韦娟, 张润. 2013. 对地侦察卫星星座优化设计及仿真分析. 西安电子科技大学学报(自然科学版), 40(2): 169-175

项军华. 2007. 卫星星座构形控制与设计研究. 长沙:国防科技大学博士学位论文

肖宝秋. 2013. 特定构形卫星星座优化设计.武汉:中国地质大学硕士学位论文

徐晓云, 李俊峰, 苏罗鹏. 2003. 小卫星轨道姿态控制系统仿真软件平台. 清华大学学报(自然科学版), 43(2): 234-237

杨颖, 王琦. 2005. STK 在计算机仿真中的应用. 北京:国防工业出版社

杨元喜, 李金龙, 王爱兵, 等. 2014. 北斗区域卫星导航系统基本导航定位性能初步评估. 中国科学(地球科学), 44(1)72-81

姚锋, 李菊芳, 李文,等. 2010. 对地观测卫星动态能力评估系统. 火力与指挥控制, 35(12): 18-21

张倩, 赵砚, 徐梅. 2011. 卫星星座的空域覆盖性能计算模型.飞行器测控学报, 30(1): 6-10

张润. 2012. 基于重访周期的对地侦察小卫星星座设计. 西安:西安电子科技大学硕士学位论文

张玉锟, 戴金海. 2001. 基于仿真的星座设计与性能评估. 计算机仿真, 18(2): 5-7

张育林, 范丽, 张艳, 等. 2008. 卫星星座理论与设计. 北京:科学出版社

张占月, 曾国强. 2004. 卫星编队飞行动力学与控制仿真软件设计与实现. 装备指挥技术学院学报, 15(4): 55-59

郑蔚. 2007. 模型多目标演化算法(OMEA)在星座优化设计中的应用研究. 武汉:中国地质大学硕士学位论文

Claire R, Carmine P. 2004. Improving satellite surveillance through optimal assignment of assets. DSTO-TR-1488, Australian Government Department of Defence

Confessore G, Gennaro M, Ricciardelli S. 2000. A genetic algorithm to design satellite constellations for regional coverage. Proc. Of International Symposium on Operations Research, Dresden, Germany

Crossley W, William A. 2000. Simulated annealing and genetic algorithm approaches for discontinuous coverage satellite constellation design. Engineering Optimization, 32(3): 353-371

Ely T, Crossley W, Williams E. 1998. Satellite constellation design for zonal coverage using genetic algorithms. Proc. of the AAS/AIAA Space Flight Mechanics Meeting, Monterey, CA

Globus A, Crawford J, Lohn J. 2004. A comparison of techniques for scheduling earth observing satellites. Proc. of 19th National Conference on Artificial Intelligence/16th Conference on Innovative Applications of Artificial Intelligence, San Jose, CA

Grandchamp E, Charvillat V. 2000. Integrating orbit database and metaheuristics to design satellite constellation. Proc. of International Conference on Artificial Intelligence, LAS VEGAS, NV

Mason W, Coverstone C, Hartmann J. 1998. Optimal earth orbiting satellite constellations via a pareto genetic Algorithm. Proc. Of AIAA/AAS Astrodynamics Specialist Conference and Exhibit, Boston, MA

Walker J.1971.Some oircular othit pattems providing continuous whole earth coverage. Journal of the British Interplanetary Society, 24(1):369-384

Walker J. 1982 Rosette constellations of earth satellites-comments. IEEE Transactions on Aerospace and Electronic Systems, 18(6):723-724

Williams E, Crossley W, Lang T. 2001. Average and maximum revisit time trade studies for satellite constellations using a multiobjective genetic algorithm. Journal of Astronautical Science, 49(3): 385-400

编 后 记

《博士后文库》（以下简称《文库》）是汇集自然科学领域博士后研究人员优秀学术成果的系列丛书。《文库》致力于打造专属于博士后学术创新的旗舰品牌，营造博士后百花齐放的学术氛围，提升博士后优秀成果的学术和社会影响力。

《文库》出版资助工作开展以来，得到了全国博士后管委会办公室、中国博士后科学基金会、中国科学院、科学出版社等有关单位领导的大力支持，众多热心博士后事业的专家学者给予积极的建议，工作人员做了大量艰苦细致的工作。在此，我们一并表示感谢！

《博士后文库》编委会